税理士のための
プログラミング

ChatGPTで知識ゼロから始める本

税理士 井ノ上 陽一

はじめに

　本書は、税理士がプログラミングを学ぶための本です。

　税理士がなぜプログラミングを学ばなければいけないのか？

「税理士には会計ソフト・税務ソフトがあるじゃないか」

「そんな時間はない」

「プログラミングなんてプロがやるもの。難しいのでは？」

などと思われるかもしれません。

　会計ソフト・税務ソフトは効率的とは言えないのが現実です。そしてこれは、今後も変わりません。

　なぜなら、ユーザーである税理士が効率化を求めているようで実は求めておらず、会計ソフト・税務ソフト側も効率化よりも確実性（＝ミスがないことだけ）を目指しているからです。

　本書を手に取っていただいたあなたは、効率化を求めていらっしゃることでしょう。

　その効率化の秘訣の1つは、会計ソフト・税務ソフトをできる限り使わないことです。

　そのためには、基礎的な効率化スキル、そしてプログラミングが欠かせません。

　なぜ、プログラミングが基礎なのか。

　みなさんが使っている会計ソフト・税務ソフト、そしてその他のアプリは、誰かがプログラミングして、つくられています。

　多くのソフトがマウスでクリックすれば操作できるように簡略されていますが、その裏にはプログラミングという基礎の理論があるわけです。

　たとえば、会計ソフトで「推移表」というボタンを押すと、「推移表を開いて表示する」というプログラムが動きます。

　もちろん、会計ソフト・税務ソフトをつくりましょうという話ではありません。

1

ただ、その基礎スキルは身につけておくべきです。

簿記という基礎スキルをお持ちのお客様は、会計ソフトをよりよく使え、質問の内容も変わってきます。

同様にプログラミングを学ぶことで、その基礎、足腰を鍛えることができます。

税理士としてのスキルと同様、一生の財産となるものです。

特に私がプログラミングをおすすめするのは、

・自由度の高い、自分に合った効率化ができる

・会計ソフト・税務ソフトの効率化もできる

という理由、そしてなにより、

・IT スキルが高まる

という理由からです。

プログラミングは、会計ソフト・税務ソフトの基礎となるデータを整理したり、資料づくり、お客様関係の仕事（連絡、請求など）といった仕事を効率化したりすることを可能とします。

それを自分に合うように、使いやすいようにアレンジすることもできるのです。

もちろん、お客様に合うようにつくることもできます。

私（井ノ上陽一）は、総務省統計局、IT 企業、そして３つの税理士事務所を経て独立しました。

その経緯で、IT、Excel、プログラミングに強くなり、独立後も、IT や効率化の分野でセミナーやコンサルティング、書籍を提供し続けています。

ひとりで税理士業をしており、実務・現場の感覚を持ちながら、IT 効率化をサポートできるのが強みです。

そうは言っても、プログラミングを学ぶ時間なんてない、と思われるかもしれません。

しかしながら、あなたが税理士として今お持ちのスキルは、はたして自然と身についたものでしょうか？

これまで、そして今の勉強の結果ではないでしょうか。

あらゆるスキルに学ぶ時間は必須ということです。

いまや、プログラミングを学ぶ時間は、大幅に短縮されました。
ChatGPT（チャットジーピーティー）を使えるようになったからです。

ChatGPT は、プロとそうでない人の垣根をさらに取り払いました。
　昔はプロである税理士でなければ到底できなかった経理も、今では税理士以外の人でも会計ソフトを用いてそれなりにできるようになったことと同様です。

プログラミングでは、例えば次のようなものを入力する必要があります。

```
Sub CopyA1ToDataSheet()
    Worksheets("data").Range("B10").Value = Worksheets("Sheet1").Range("A1").Value
End Sub
```

たしかに敷居は低くありません。
しかしながら、ChatGPT では、こう入れればいいのです。

ChatGPTへの入力

 あなた
Excelマクロ
A1 をシート「data」の B10 に

　何をどのようにやってほしいのかを日本語で書けば、プログラミングができる時代になりました。

　税法の勉強も、
・**分厚い本を読み、電卓をたたき、紙に書く**

から、

・ネットで検索し、Excel で試算し、パソコンでまとめていく

という方法に変わりました。
　そういった劇的な変化が、プログラミングの勉強にも訪れたのです。

　ChatGPT の登場により、私はブログや YouTube でその勉強方法を発信し、従来のプログラミングセミナーをすべてつくりかえました。
　こんなに便利なものを使わない手はないからです（その発信が、本書を書くきっかけとなりました）。

　とはいえ、ChatGPT は当然、完璧とは言えません。
　ChatGPT に向いている使い方と、そうでないものがあるのです。
　たとえば、「プログラミングの効率的な学び方は？」と聞くと、ChatGPT は次のように答えてくれます。

ChatGPT への入力 & 回答例

Y あなた
プログラミングの効率的な学び方は？

◎ ChatGPT
プログラミングを効率的に学ぶための方法はさまざまですが、以下にいくつかの基本的なアプローチを示します。

1. **目標を設定する：**
何を学びたいのか、どのようなスキルを身につけたいのかを明確にしましょう。具体的な目標を設定することで、学習の方向性が明確になります。

2. **基礎から始める：**
プログラミングの基礎的な概念や文法を理解することは非常に重要です。最初は基本的な言語やコンセプトから始め、徐々に難易度を上げていきましょう。

3. 実践を重視する：

学んだことをすぐに実践に移すことが大切です。プログラミングは実際のプロジェクトや問題を解決することで身につくものなので、積極的にプロジェクトに取り組みましょう。

4. オンラインリソースを活用する：

インターネット上には多くの無料の学習リソースがあります。オンラインのチュートリアル、動画、コースなどを活用して、自分のペースで学習を進めましょう。

5. コミュニティに参加する：

プログラミングコミュニティやフォーラムに参加することで、他の人との交流や情報共有ができます。他の人のコードを見たり、フィードバックを受けたりすることで、学びの幅が広がります。

6. 定期的な復習を行う：

学んだことを定期的に復習し、理解を深めましょう。また、新しいトピックや技術に挑戦する際には、基礎から念入りに学習し直すことも重要です。

7. 挫折を恐れない：

プログラミングは挑戦が多い分野です。エラーやバグに直面したり、概念を理解するのに苦労したりすることもありますが、それらを克服することが成長につながります。挫折を恐れずに、積極的にチャレンジしましょう。

8. バランスを保つ：

長時間の学習やコーディング作業は集中力を消耗します。定期的な休息や他の趣味や活動とのバランスを取りながら、健康的な学習環境を整えましょう。

以上のアプローチを組み合わせて、効率的にプログラミングを学んでいきましょう。

一見、もっともらしい答えですが（ChatGPT の得意とすることです）、これが的確な答えとは言えません。

「プログラミングの効率的な学び方は？」

人間である私（井ノ上陽一）の答えは、
「ChatGPT を使いましょう」
です。

　その ChatGPT の使い方・プログラミングの学び方の基本を 1 冊にまとめました。
　本書では効率化に役立つ、
① Excelマクロ
② GAS（ガス。Google Apps Script）
③ Python（パイソン）
を事例として挙げています。

・**効率化して時間をつくりたい方**
・**その時間で税理士としてより良いサービスを提供したい方**
・**その時間を趣味や家族に使いたい方**
のお役に立てれば幸いです。

2024 年 6 月
井ノ上陽一

- ・本書に記載の製品名は、各社の登録商標、商標、または商品名です。本文中では®や™等を省略しています。
- ・本書の内容は、2024 年 6 月時点の情報によります。
- ・本書の内容は、特に記載のない限り Windows のものです。
- ・特に記載のない限り、ChatGPT は ChatGPT-3.5 を用いています。
- ・ChatGPT は入力の都度回答を生成するものであり、その回答内容は一律ではありません。
- ・本来は 1 行で表記すべきプログラミングのコードを、紙面の都合上 2 行以上にわたって表記している箇所については、記号]を付記しています。
- ・本書で解説の操作の実行、ファイルのダウンロード等の結果、万が一障害が発生しても、著者及び出版社は一切の責任を負いません。

もくじ

第❶章　ChatGPT を活用したプログラミング学習

1. ChatGPT でプログラミングを学ぶ　　　　　　　　　　　10
2. ChatGPT とは　　　　　　　　　　　　　　　　　　　　12
3. ChatGPT の基本的な使い方　　　　　　　　　　　　　　15
4. プログラミング学習における ChatGPT への入力　　　　24

第❷章　Excelマクロ・GAS・Python の基本

1. Excelマクロ・GAS・Python の比較　　　　　　　　　30
2. 3 つのプログラミングのコードの比較　　　　　　　　　34
3. Excelマクロの基礎　　　　　　　　　　　　　　　　　40
4. GAS の基礎　　　　　　　　　　　　　　　　　　　　48
5. Python の基礎　　　　　　　　　　　　　　　　　　　54
6. まとめ　　　　　　　　　　　　　　　　　　　　　　62

第❸章　ChatGPT による Excelマクロの学習

1. Excelマクロを書いてみよう　　　　　　　　　　　　　66
2. 〔事例〕Excelマクロでデータ集計　**Download 🔽**　　74
3. 〔事例〕Excelマクロで複数のファイルからデータ集計
　Download 🔽　　　　　　　　　　　　　　　　　　80
4. 〔事例〕Excelマクロで請求書作成　**Download 🔽**　　86

7

第❹章　ChatGPT による GAS の学習

1	GAS を書いてみよう	94
2	〔事例〕Google カレンダーをスプレッドシートへ	100
3	〔事例〕Gmail からデータ抽出・PDF 保存　**Download ⬇**	108
4	〔事例〕Gmail の一斉送信　**Download ⬇**	124

第❺章　ChatGPT による Python の学習

1	Python を書いてみよう	138
2	〔事例〕ブラウザ操作	140
3	〔事例〕Excel とブラウザの操作　**Download ⬇**	156
4	〔事例〕マウス・キーの操作　**Download ⬇**	161

第❻章　プログラミング学習の先にあるもの（税理士が目指すべき正しい効率化）

1	税理士の効率化に必要なもの	172
2	仕事量を減らそう	174
3	仕事の道具を選ぼう	196
4	プログラミング以外のスキルも磨こう	205

Download ⬇ このアイコンが記載された事例については、
下記にてサンプルファイルをダウンロードできます。

https://www.ex-it-blog.com/gpt

第 1 章

ChatGPTを活用した
プログラミング学習

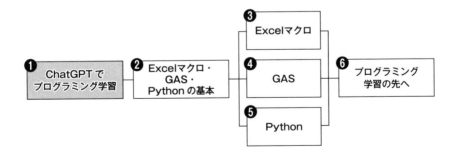

1 ChatGPTでプログラミングを学ぶ

AIが質問に答えてくれるChatGPT。
無料で使えるツールです。

このChatGPTが登場したとき、「この使い道がいいんじゃないかな」と思ったことの1つがプログラミングです。
たとえば、

ChatGPTへの入力

Y あなた
Excelマクロ
A1をシート「data」のB10に

と入れれば、

ChatGPTの回答例

ChatGPT
Sub CopyA1ToDataSheet()
　　Sheets("data").Range("B10").Value = Sheets("Sheet1")
　　.Range("A1").Value
End Sub

といった答えが返ってくるのです（ChatGPTは、その都度回答が変わりますので、これもあくまで一例です）。

プログラミングでは、本来は、一連の文章（英数字）を入力し、自動化したいことを伝えます。

文章によりパソコンにしてほしいことを正しく伝えることで、人ではなく、パソコンに仕事をお願いできるのです。

　この文章を「**コード**」といいます。

　これまでは、このコードを書けなければプログラミングができませんでした。

　それぞれのプログラミングごとに文法があり、それを覚える（またはその都度調べる）必要がありました。

　プログラミングは敷居の高いものだったのです。

　しかしながら、ChatGPT 登場後、敷居は下がりました。

　従来は、

・**コードを書くツール、その使い方を知っている**

・**コードを書く**

・**実行する**

・**改善する**

ということが必要であったプログラミングが、ChatGPT により、

・**コードを書くツール、その使い方を知っている**

・**実行する**

・**改善する**

というだけでよくなったのです。

　実際、私も ChatGPT をプログラミングに使っています。

　コードを自分で書けるのですが、ChatGPT に入れたほうが楽に書けるからです。

　この ChatGPT を活用して、プログラミングという武器を手に入れましょう。

2 ChatGPT とは

ChatGPT とはどういうものか。

類似の他の方法（人、本、検索、AI チャット）と比較してみました。

	人	本	検索	AI チャット	ChatGPT
①応　　答	人	なし	自動	自動	自動
②値　　段	高い	2,000 円前後	無料	無料	無料（有料）
③信 頼 性	○	○	△	△	△
④新 し さ	○	△	△	△	×
⑤回　　答	人	人	人	人	AI
⑥回答範囲	人	本	ネット	プログラミング	データベース
⑦個別対応	○	×	×	×	○

①応答

人は当然人が応答、検索は自動的に出てきます。ChatGPT も自動的にできます。

本は応答してくれず、読むだけです。

②値段

人が当然高くなります。

本は 2,000 円前後はするものです。

検索は無料で使うことができ、ChatGPT も無料で使えるのですが、有料で使えるバージョンというのもあります。月 20 ドルです。

通常の無料版（ChatGPT-3.5）に比べ、有料版（ChatGPT-4）はスピードは遅いのですが、精度が上がっています。

本書執筆中の 2024 年 5 月には、GPT-4o が登場し、応答スピードはさらに上がりました。しかしながら、プログラミングで使うなら、ChatGPTは無料のもので十分です。

③信頼性

　人の信頼性は、人によります。

　本も、通常の出版であればある程度は信用できますが、あくまである程度です。

　検索の信頼性は、人や本よりやや劣り△、AI チャットも△。

　検索はその出てきた先のサイトに依存するので、信頼性がないものも出てくることがあり、デマもありえます。

　AI チャットは、あらかじめ人がプログラミングしたものしか出てきません。「AI」と付いてますが、限界はあるものです。

　ChatGPT は間違った答えを出すことがあり、その信頼性は△です。

　たとえば、税務の情報だとおおむね間違っていますし、「山手線の駅」を質問しても正しい答えが返ってくるとは限りません。

　その答えを確かめるということが必要であり、本書でおすすめするプログラミングでも同様です。

　しかしながら、プログラミングではそのコードを実際に動かしてみれば、その信頼性を確認できます。想定した結果になれば問題ありません。

　答えの信憑性を確認しやすいことも、ChatGPT をプログラミングに使うことをおすすめする理由です。

④新しさ

　人は人により、本や検索はやはり古くなりますし、AI チャットもそのプログラミングした時点での情報です

　ChatGPT は、本書執筆時点（2024 年 5 月）では、基本的に無料版が2022 年 1 月、有料版が 2023 年 10 月の情報となっています。

　有料版なら最新の情報もネットから検索して表示できるようになっていますが、基本的には、上記の時点の情報から回答が出てくるものと考えておきましょう。△よりもやや劣り、×です。

第 1 章　ChatGPT を活用したプログラミング学習　13

⑤回答範囲

回答の範囲は、やはり人が最も広く、本も限界があり、検索もネットという範囲に限られます。

それぞれ回答の範囲なり、深さというのは変わってくるものです。

ChatGPT は、前述のように情報の範囲とともに、得意なもの・不得意なものがあります。

⑥個別対応

ChatGPT は、個別対応もできます。

たとえば ChatGPT に「Excelマクロで A1 に 5000」と入力すれば、そのぴったりの答え（コード）が返ってきます。そのまま貼り付ければ使えるのです。

同様に検索した場合、このようにぴったりの答え（そのまま使用できるコード）は出てきません。

これが、「A1 に 1」なら検索で出てくるかもしれませんが。

その事例で誰かがネット上に記事を書いていないと、検索でぴったりの答えが出てこないのです。

そう考えれば、個別対応という意味で、ChatGPT はプログラミング学習に使えるとわかります。検索よりも的確な答えが出てくるからです。

これを無料かつ人を必要とせず、つまりひとりでできるというのが非常に大きなメリットといえます。

もちろん人に聞けば、個別の答えというのが返ってきますが、それを答えられる人が側にいるかどうか、気軽に聞けるかというと、そうではないでしょう。ChatGPT なら気兼ねなく聞くことができ、しかも無料です。

決まりきったことを答えるのが得意な ChatGPT は、決まりきったパターンであるプログラミングを得意とします。

ChatGPT の基本的な使い方

ここでは、ChatGPT の基本的な使い方をまとめます。

(1) ChatGPT の操作方法

まず、ブラウザで「ChatGPT」と検索して、アクセスしてみましょう。

ChatGPT は、次のような画面です。

画面下に文章を入力しましょう。入力時、改行は Shift + Enter 、確定時は Enter を押しましょう。

たとえば、こういう文章を入れてみます。

ChatGPT への入力&回答例

 あなた

ChatGPT の使い道

⚛ ChatGPT

ChatGPT の使い道は多岐に渡ります。以下にいくつかの具体例を挙げます。

1. 情報検索:

ChatGPT を使って特定のトピックに関する情報を検索したり、解説してもらうことができます。例えば、歴史の出来事や科学的な概念について質問することができます。

2. 学習補助:

ChatGPT はさまざまなトピックについての質問に答えるだけでなく、概念の解説や学習のアドバイスも提供します。例えば、プログラミングのコードや概念に関する質問に答えてもらうことができます。

3. アイデアの生成:

ChatGPT は創造的なアイデアを生成するのに役立ちます。例えば、小説のプロットや詩の作成、新しい製品のアイデアの発想などに利用できます。

4. 英語の学習:

ChatGPT を使って英語を練習したり、文法や表現に関する質問をすることができます。ChatGPT はネイティブレベルの英語表現を提供しますので、英語学習者にとって有用です。

5. アシスタントとしての利用:

ChatGPT は会話パートナーとしても活用できます。例えば、日常的な会話や相談事、ストレス発散など、さまざまな場面で利用できます。

6. コンテンツの生成:

ChatGPT は文章やコンテンツの生成にも利用できます。例えば、ブログ記事のラフなアウトラインの作成や、メールやレポートの下書きの作成に役立ちます。

これらは一部の例に過ぎませんが、ChatGPT の使い道は非常に広範囲にわたります。自分の目的やニーズに合わせて、さまざまな方法で活用できます。

これが ChatGPT の使い道の 1 つ「質問」です。

内容によってすぐに回答が出てくることもあれば、時間がちょっとかかる

こともあります。

ただし、その信憑性には気をつけたいものです。
次のような質問だと、適当に返してきます。

ChatGPT への入力＆回答例

🅨 **あなた**
日本で税理士になるには

◎ **ChatGPT**
日本で税理士になるためには、以下のステップを進める必要があります。

1. **大学卒業：**
まず、日本の認定大学で 4 年制の学士号を取得します。一般的に、法学部や商学部などで会計や税法に関連するコースを履修することが役立ちます。
2. **合格資格取得：**
大学卒業後、国家試験である「税理士試験」に合格する必要があります。税理士試験は毎年 1 回実施され、試験科目は法人税法、所得税法、消費税法、相続税法などの税法に関する内容が含まれます。また、簿記や会計学の知識も必要です。
3. **実務経験：**
税理士試験に合格した後、税理士法に基づいて定められた実務経験を取得する必要があります。一般的には 3 年以上の実務経験が求められます。
4. **登録申請：**
実務経験を取得した後、税理士登録申請を行います。登録申請は、税理士会に対して行います。登録申請が承認されると、正式に税理士として登録されます。
5. **継続的な教育：**
税理士として登録された後も、継続的な教育が必要です。税法や会計の法改正などの変更に対応するため、年次研修やセミナーに参加し、専門知識を維持することが求められます。

このように、税理士になるには一定の学歴や試験の合格、実務経験などが必要です。各段階での要件や手続きは税理士法や税理士会の規定によって異なる場合がありますので、詳細は関連する機関や法律を確認することが重要です。

こういったものは、ネットや本でよく見かけるテイストではあります。
発信する側としては、こういった文章にならないように気をつけたいものです（もちろん本書も気をつけているつもりです）。

ChatGPTは、議事録や報告書をつくる場合、記事を量産する場合などといったときに、便利ではあります（が、それらがそもそも必要かどうかは、考えましょう）。

なにより、瞬時に答えが出てくる点で、テクノロジーとして興味深いものです。
今後、ますます進化していくでしょう。

本書の内容も聞いてみました。
比べてみていただければと思います。

ChatGPTへの入力&回答例

🅨 **あなた**
税理士がChatGPTを使ってプログラミング（Excelマクロ、GAS、Python）を学ぶ本の項目

◎ **ChatGPT**
税理士がChatGPTを使ってプログラミング（Excelマクロ、GAS、Python）を学ぶための本は、以下のような項目が含まれると役立ちます。

1．基礎知識の理解：

プログラミングの基本概念の理解

Excelマクロ、GAS、Python の概要と特徴

2．Excelマクロの学習：

VBA（Visual Basic for Applications）の基礎

Excelマクロの作成方法と実行手順

Excel VBA の主要な機能やオブジェクトモデルの理解

Excelマクロの具体的な活用方法や応用テクニック

3．GAS（Google Apps Script）の学習：

GAS の基本概念と使い方

Google Sheets や Google Docs など Google Workspace 製品との連携方法

GAS を使用して自動化されたタスクやツールの作成方法

4．Python の学習：

Python の基本構文とデータ型

Python の関数やクラスの作成方法

Python の標準ライブラリやサードパーティライブラリの活用方法

Excel ファイルの読み書きや処理、データの分析など、税務業務に役立つ Python の応用

具体的な条件を入れれば入れるほど、的確な回答が出てきます。

どういった検索をするかと同様に、ChatGPT にどういった入力をするかが問われる時代です。

(2) ChatGPT のセキュリティ

ChatGPT は、基本的には、そこに入力したものが ChatGPT 側で活用されます。

検索と同様に、データを蓄積し分析した上で、ChatGPT の改善に使われるのです。

お客様の情報、数字などを気軽に入力しないようにしましょう。

第 1 章 ChatGPT を活用したプログラミング学習 19

なお、ChatGPTには、そのデータ活用をオフにする設定があります。
ChatGPTの設定から［データコントロール］→［モデルの改善］で、［すべての人のためにモデルを改善する］をオフにしておきましょう。

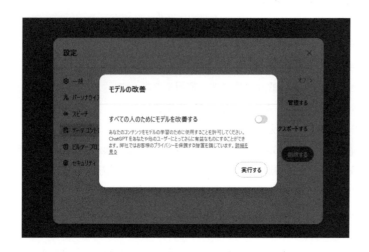

（3）ChatGPTの履歴保存・編集

ChatGPTは、アカウントをつくるとさらに便利な機能を使うことができます。

入力内容と回答の履歴保存、質問の編集です。

画面の左側に入力内容と回答の履歴が保存され、ある程度の期間分を確認できます。

この履歴は、Ctrl + Shift + S で表示・非表示の切り替えができますので、必要ないときには非表示にしておきましょう。

次の図のあたりにカーソルを持っていき、クリックすると入力内容を編集できます。

編集した後は、Tab→Tab→Enterで、確定しましょう。
Tab→Tabで［送信する］を選択できるのです。

(4) ChatGPTで望む回答が出てこないとき

望む回答が出てこないときや、回答に納得がいかないときには、入力内容をコピーし、新しくチャットを開いて（Ctrl + Shift + O）、同じ質問を貼り付けてみましょう。

新しいチャットだと、また違った回答が出てきます。

(5) ChatGPT の活用方法

この ChatGPT をどう活用するか。
私の考えを書いてみました。

精度が高まったとしても、ChatGPT が役に立つかどうか。
私の現状の活用方法は、次のようなものです。

---

① **プログラミング**
② **テキストの整理**
③ **アウトプットの参考**

---

①**プログラミング**は、本書でこの後取り上げていきます。

②**テキストの整理**というのは、たとえば、1 行空きのテキストがあり、それを整えるときに、「空白行削除」と入れれば削除できる、というようなものです。

別の例として、毎週出している週刊メルマガで、その前日までの日付リストをつくるときにも使っています。

ChatGPT への入力&回答例

Y あなた
■4/29（月）
この書式でリストを7つ

ChatGPT
了解です。以下に日付リストを提供します。
■4/30（火）
■5/1（水）
■5/2（木）
■5/3（金）
■5/4（土）
■5/5（日）
■5/6（月）

複数のテキストデータを1つにすることも便利です。
「フォルダにあるテキストデータを1つに」というように入力しています。

③**アウトプットの参考**にもしています。

ブログのネタを ChatGPT に入れてみて、そこに出てきた答えを参考にするわけではありません。

ブログを書いてみた後に、そのタイトルを ChatGPT に入れてみて、自分の文章と比べています。

同じようなものを書いてなければ、ChatGPT で書ける文章とは違いがあるということです。

「AI が答えているかのような対応」は、してはいけません。

これは税理士業でも大事なことです。

・**右から左へ情報を流すのではなく、自分の言葉で語る**
・**実際に体験したことを伝える**
・**感情を含む、血が通っている**

といったものが人にこそできること。

ChatGPT は、そういったことを考えるいい機会です。

仕事とは答えがないものですから。

「どうしていますか?」「どう思いますか?」「これからどうしますか?」という質問は ChatGPT には答えられないもの。

こういったところで勝負したいものです。

AI で税理士がなくなるなんてことは考えてはいけません。

共存し、より良く生きるためにも AI、ChatGPT を使っていきましょう。

4 プログラミング学習における ChatGPT への入力

ChatGPT でどのようにプログラミングを勉強していくか。
まずは、やってみたいことを日本語で入れてみましょう。
そうすればコードに変換してくれます。
この変換結果を見ながら、学んでいきましょう。

このとき、「Excelマクロを使って Excel のセル A1 に 100 を入れてください」と入力する必要はありません。
必要最低限でかまいません。
過度に丁寧に書く必要はないのです。

本書では、必要最低限の入力を取り上げました。
省略しすぎると、伝わりません。
そのギリギリを狙います。

その分、人にはやわらかく接しましょう。
多くの場合、人と AI（IT）の扱いが逆です。

ChatGPT への入力

 あなた
Excelマクロ
A1 に 100

でかまいません。省略してズバッと入れましょう。
　入力するものは、
・**使うプログラミングの種類**（Excelマクロ、GAS、Python）
・**やってほしいこと**
です。

Excelを使うときには、セルの位置については、「セルA1」と入れる必要はありません。
「A1」（または「a1」）で十分です。

　結果、こういった答えが出てきます。

> ChatGPT
>
> Excelのマクロを使って、A1セルに100を入力する方法はいくつかあります。以下に簡単な方法を示します。
>
> ### VBAを使った方法：
> 1. Excelを開き、Alt + F11を押してVBAエディタを開きます。
> 2. 挿入メニューからモジュールを選択し、新しいモジュールを挿入します。
> 3. モジュール内に次のコードを貼り付けます。
>
>
>
> ```vba
> Sub SetValueToA1()
>     Range("A1").Value = 100
> End Sub
> ```
>
> 4. エディタを閉じます。
> 5. Alt + F8を押してマクロを実行するウィンドウを開き、"SetValueToA1"を選択し、実行します。
>
> これでA1セルに100が入力されます。
>
> ### マクロの記録を使った方法：
> 1. Developerタブから"マクロの記録"を開始します。
> 2. A1セルに100を入力します。
> 3. マクロの記録を停止します。
> 4. マクロは自動的に作成され、再生できるようになります。
>
> どちらの方法でも、A1セルに100が入力されます。

なお、ChatGPT は質問を入れるたびに答えが変わるものです。
毎回、AI が答えを導き出しているからです。

ChatGPT の回答例

ChatGPT

Excel でマクロを使用してセル A1 に 100 を入力するには、次のような VBA コードを使います。

```vb
Sub SetCellValue()
    ' セルA1に100を入力する
    Range("A1").Value = 100
End Sub
```

このコードは、新しいマクロを作成し、その中に貼り付けてください。マクロを実行すると、セル A1 に 100 が入力されます。

ただし、同じチャット画面では、おおむね同じ答えとなります。
別の答えを知りたい、的確な答えが出てこない、わかりにくいというときは、Ctrl + Shift + O で New Chat（新しいチャット画面）を開き、質問しなおしましょう。

プログラミングの本をがむしゃらに読み、または講義を聞き、手を動かすというのではなく、まずは答えを知り、その答えから学んでいくという手法です。

また、ChatGPT を使ったプログラミングに必要なものとしては、プログラミングの基礎知識があります。
質問の回答が ChatGPT から出てきても、それが何を意味するかがわかっていないと、使いこなせません。
思わぬところでつまずく可能性もあります。

もちろん、ChatGPT の回答をそのまま使えることもありますが、繰り返

しやりとりしながら修正しなければいけないという場合もあります。

　そういった場合も、基本的には、エラーメッセージをそのままコピーして貼り付ければいいのですが、プログラミングの基礎知識がないと、何が違うのかがわかりません。

　経理でも、入力することよりも、その結果を判断して修正するほうが敷居は高くなります。
　そこで必要となるのは、経理の基礎知識です。

　ChatGPTを使ったプログラミングでも、基礎知識があってこそ、より使いこなすことができます。
　本書では、その基礎知識についても解説しました。

第 2 章

Excelマクロ・GAS・Pythonの基本

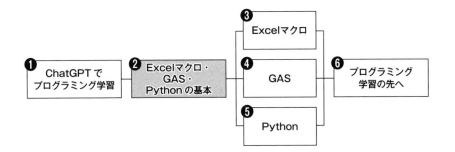

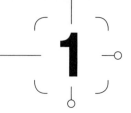

Excelマクロ・GAS・Python の比較

Excelマクロ、GAS、Python、RPA を比べてみました。

	Excelマクロ	GAS	Python	RPA (UiPath)
使い道	Excel	Google	全般	全般
おすすめ度	☆☆☆	☆☆	☆☆	☆☆

(1) Excelマクロ

　私の Excelマクロの使い道には、
・Excel で複数のシート（ブック）からデータを集める
・Excel で 1 つのシートのデータを複数のシート（ブック）に分ける
・データを所定の形式に並べ替える
・Excel ファイルを CSV、PDF に変換する
・ピボットテーブルをショートカットキーで更新
・データを入力すると所定の操作を自動的に実行
などといったものがあります。
　Excel での仕事を効率化するプログラミングです。

(2) GAS

　私の GAS の使い道には、
・Google スプレッドシート（Excel のようなもの）のデータを加工
・Google カレンダーのデータをスプレッドシートへ
・Gmail から特定のキーワード、差出人、件名などで抽出してスプレッドシートへ
・スプレッドシートのデータごとに Gmail でメールを送る
・Google ドキュメントのデータを一括置換
・Google フォームに自動返信機能をつける
などといったものがあります。

Google のスプレッドシート、ドキュメントなど、そして Gmail、Google カレンダーを使う仕事を効率化できるプログラミングです。

（3）Python

私の Python の使い道には、

・ネットバンクを Google Chrome で開き、ログインして操作
・ファイルを複数の特定のフォルダへコピー
・Excel データを加工
・複数の CSV ファイル、Excel ファイルを結合
・テキストデータを分析して、多く使われているキーワードを抽出
・フォルダにある画像を縮小

といったものがあります。

Excel を効率化する Excelマクロ、Google のアプリを効率化する GAS と比べ、Python は万能です。

Excel も Google のアプリも、ブラウザも自動化できます。

ただ、万能ゆえに、Excelマクロや GAS よりも複雑です。

（4）RPA

RPA は、自動化するソフトで、一種のプログラミングなのですが、他のプログラミングと違い、コードを書くのではなく、パーツを組み合わせてパズルのように組み立てていくことができます。

第 2 章　Excelマクロ・GAS・Python の基本　31

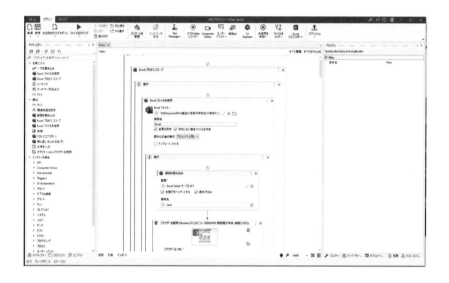

　コードを書くプログラミングに比べて、RPA の敷居が低いのは確かです。
　ただし、Excelマクロ、GAS、Python などとは大きな違いがあります。
　RPA は、テキストだけで表現するものではないので、ChatGPT を活用することができません。
　さらに RPA は Mac では使えず、Windows 専用です。

　Excelマクロは Excel、GAS は Google アプリを効率化するプログラミングであり、RPA と Python は全般的に使えます。

　RPA は手軽なようで、プログラミングの基礎スキルが必須なものです。
　プログラミングの学習とともにさわってみましょう。
　本書は、ChatGPT を活用したプログラミングという趣旨ですので、RPA は紹介にとどめます。
　RPA は UiPath がおすすめです。

(5) 著者のおすすめ
　プログラミングの中では、やはり使用頻度が高いExcelマクロが最もお

すすめです。

　GAS は、Google のアプリ（カレンダー、Gmail など）をよくお使いなら、ぜひ使ってみましょう。

　Python は、ブラウザと Excel、ファイル操作など、Excel や Google アプリ以外のところで万能に使えますが、万能ゆえに難しい部分もあるので、使ってみるのは最後でかまいません。

　とはいえ、プログラミングの基本的な考え方というのは一緒です。

　本書で３つとも学びましょう。

　複数の言語を学んだ方がいいというのは、英語と日本語にもいえます。

　プログラミングを複数の言語でやることで、理解が深まるのです。

　Excelマクロ、GAS、Python の順で、本書を読みながら一通り体験しましょう。

　それぞれの使い道は、各章でもまとめています。

第２章　Excelマクロ・GAS・Python の基本　33

3つのプログラミングのコードの比較

さらに、本書で取り上げる3つのプログラミングを具体的に比べてみました。

事例は、Excel（GASではスプレッドシート）でセルA1に100を入れるというものです。

まずは、ChatGPTにまとめて聞いてみましょう。

ChatGPTへの入力&回答例

あなた
ExcelのA1に100を入れるコードを
Excelマクロ、GAS、Pythonで

ChatGPT
それぞれのプラットフォームで、ExcelのA1セルに100を入力するコードを示します。

Excelマクロ（VBA）：

```vba
Sub InsertValueInA1()
    Range("A1").Value = 100
End Sub
```

GoogleAppsScript（GAS）：

```javascript
function insertValueInA1() {
  var sheet = SpreadsheetApp.getActiveSpreadsheet().getActiveSheet();
  sheet.getRange('A1').setValue(100);
}
```

Python（openpyxl ライブラリを使用）：

```python
import openpyxl

# Excelファイルを開く
workbook = openpyxl.load_workbook("your_excel_file.xlsx")

# シートを選択（例：Sheet1）
sheet = workbook['Sheet1']

# A1セルに100を入力
sheet['A1'] = 100

# ファイルを保存
workbook.save("your_excel_file.xlsx")
```

このように答えが出てきます。この答えをどう使うかを解説していきます。

（1）コードの比較

３つのプログラミングのコードには、それぞれ違いがあります。

Excelマクロ

```
Sub InsertValueInA1()
    Range("A1").Value = 100
End
```

第２章　Excelマクロ・GAS・Python の基本　35

GAS

```
function insertValueInA1() {
    var sheet = SpreadsheetApp.getActiveSpreadsheet()
    .getActiveSheet();
    sheet.getRange("A1").setValue(100);
}
```

Python

```python
import openpyxl

# Excel ファイルを開く
workbook = openpyxl.load_workbook("your_excel_file.xlsx")

# シートを選択(例：Sheet1)
sheet = workbook['Sheet1']

# A1 セルに 100 を入力
sheet['A1'] = 100

# ファイルを保存
workbook.save("your_excel_file.xlsx")
```

　まずは各コードのうち任意のもの、自由なところを確認しましょう。
・**Excelマクロの Sub（サブ）の後、この例だと InsertValueInA1**
・**GAS の function（ファンクション）の後の InsertValueInA1**
は ChatGPT によってつけられたもので、ChatGPT に入れるたびに変わります。
　一部使えない言葉はありますが、自由に決められるものです。
　Python では、コードの中にそういった名前はありません。

36

Excelマクロは、**Sub** ではじまり、**End Sub** で終わります。

GAS は、**function ○○ {** ではじまり、**}** で終わるルールです。

Python にはそういったものがありません。

上記の Excelマクロの例で、

```
Range("A1").Value = 100
```

と表現されています。**Value** は値という意味です。「○＝△」で「○に△を入れる」、つまりセル A1 に 100 を入れるという意味です。

GAS では、**var**（バー）というものを使います。**var** は定義するという意味で、任意の **sheet** という言葉を使っています。**sheet** は GAS のルールにない言葉です。**var** で **sheet** がどういったものかを定義しないと、GAS にコードが伝わりません。

なお、Excel では、定義は **Dim** です。また Python にはそのようなものがありません。

sheet には、今開いているスプレッドシートのシートを入れています。

GAS は、スプレッドシート、ドキュメントなどを操作できるので、**SpreadsheetApp** という部分で、まずスプレッドシートを使うことを伝える必要があるのです。

さらに、

```
getActiveSpreadsheet()
```

で、アクティブなスプレッドシート、つまり今使っているスプレッドシートを指定しています。

その後の、

```
sheet.getRange("A1").setValue(100)
```

では、**getRange("A1")** でアクティブなスプレッドシートのアクティブなシートのセル A1 を指定し、**setValue（100）** で 100 を入れています。

Excelマクロに比べると、複雑です。

シンプルにするなら、1 行で

```
SpreadsheetApp.getActiveSpreadsheet().getActivesheet()
.getRange("A1").setValue(100);
```

という書き方もできます。

　いずれにしろ、GAS では、どのスプレッドシートを使うか、どのシートかを指定する必要があるということです。

　Excelマクロも、実は、どのファイルでどのシートかを指定することもできますが、省略しています。

　省略している場合は、今開いているファイル、シートで処理するということです。

```
ActiveWorkbook.ActiveSheet.Range("A1").Value = 100
```

と書くことができます。

　これを、

```
Range("A1").Value = 100
```

と省略して表記しているのです。

　Python では、インストールした **Openpyxl** を **import** で呼び出します。これで Excel を操作できるようになるのです。

　Python は、ほぼ空っぽのもので、こういった **Openpyxl** のようなライブラリ（アプリのようなもの）を持ってきて使います。

　Python にある、**#** がある行（たとえば「# Excel ファイルを開く」のようなもの）は、コメントです。

　ここには、Python に関係なく自由に書くことができます。

　なお、事例の ChatGPT の回答例には出てきませんが、Excelマクロの場合コメントは'（シングルコーテーション）、GAS の場合コメントは**//** です。

事例の Python では、**workbook** という語に、

openpyxl.load_workbook("your_excel_file.xlsx")

で、Excel ファイルを読み込んでいます。

ちなみに Python では、通常、左にそろえて書かなければいけません。
インデント（ Tab キーで間をあける）のは文法上、意味があるのです。

次に、

sheet = workbook['Sheet1']

で **sheet** に読み込んだファイルのシートを入れ、

sheet['A1'] = 100

でそのシートのセル A1 に 100 を入れています。

最後に、ファイルの保存です。

workbook.save("your_excel_file.xlsx")

Python の **openpyxl** は、実行後にファイルを保存する必要があります。
「Your_excel_file.xlsx」という名前で保存されます。

3 Excelマクロの基礎

ChatGPT を使いながらどうプログラミングするかを、それぞれまとめてみました。実際に操作をしながら、読み進めてみましょう。

(1) Excelマクロを書く流れ

Excelマクロを書くのであれば、Excel を開いて Alt + F11 を押しましょう。

次のようなソフトが開きます。

このソフトが、**VBE**（Visual Basic Editor）というExcelマクロを書くものです。

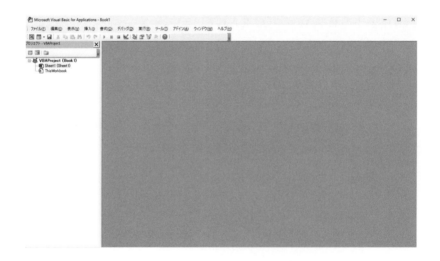

Alt を押しながら I 、→ M と（うまくいかない場合は Alt → I → M と1つずつ順に）押すと、次のようにExcelマクロを書くページが表示されます（Mac は［挿入］→［標準モジュール］）。

ここで、ChatGPT に「Excelマクロ　A1 に 100」と入れてみましょう。このような画面（執筆時現在）になりますので、回答の［コードをコピーする］をクリックすれば、コード全体をコピーできます。

Excelのマクロを使用して、セルA1に100を入力するには、次のVBA（Visual Basic for Applications）コードを使用できます。

```vba
Sub SetValueToA1()
    Range("A1").Value = 100
End Sub
```

このコードをExcelに追加する方法は次の通りです。

1. Excelを開きます。
2. 「開発」タブが表示されていない場合は、表示されるようにします。これには、［ファイル］＞［オプション］＞［リボンの表示］を選択し、［開発］チェックボックスをオンにします。
3. 「開発」タブで、［Visual Basic］をクリックします。
4. ［挿入］＞［モジュール］を選択して新しいモジュールを挿入します。
5. 新しいモジュールが開かれたら、その中にコードを貼り付けます。
6. Excelに戻り、［開発］タブで［マクロ］をクリックします。
7. 表示されるダイアログボックスで、`SetValueToA1`という名前のマクロを選択し、［実行］をクリックします。

これにより、セルA1に100が入力されます。

その後、コピーしたコードを VBE に貼り付けましょう。

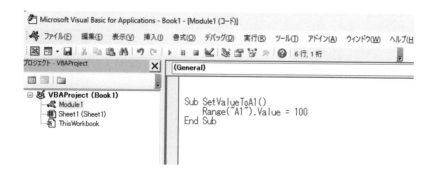

さらに Excel マクロを実行します。

カーソルが VBE の Sub と End Sub の間にある状態で、F5 を押すと、コードを実行できます。

Excel のセル A1 に 100 が入ったことを確認しましょう。

(2) Excelマクロの保存

Excelマクロが入ったブックを保存するときには、「マクロ有効ブック」（.xlsm）で保存しましょう。通常の Excel ブック（.xlsx）とは異なります。

(3) マクロファイルを開く

Excelマクロが入ったブックを開くには、次のような警告が出るので、「有効にする」を選びましょう。

（4）マクロの変更

事例の 100 を 567 に変える場合、次の 2 つの方法があります。

1　VBE で次のように変更

```
Sub SetA1()
    Range("A1").Value = 567
End Sub
```

2　ChatGPT に、「Excelマクロで A1 に 567」と入れて答えをコピー

VBE で変更してみることもやってみましょう。

（5）マクロファイルの実行

Excelマクロの実行方法は、次の 5 つがあります。

① VBE で F5 キー
② VBE で F8 キーを押し、1 行ずつ実行
③ Excel で Alt ＋ F8 →該当のマクロを選んで実行
④ Excel で Alt ＋ F8 →オプションでショートカットキーを設定→ショートカットキーで実行
⑤ リボンの開発タブのボタンをクリックし、マウスをドラッグしてボタンをつくり、マクロを登録(※)

（※）開発タブがないときは、Excel のオプションの［リボンのユーザー設定］で「開発」にチェック

② F8 (1行ずつ実行)

```
Option Explicit
Sub test()
⇨ |    Range("a1").Value = 100
End Sub
```

③ ALT + F8

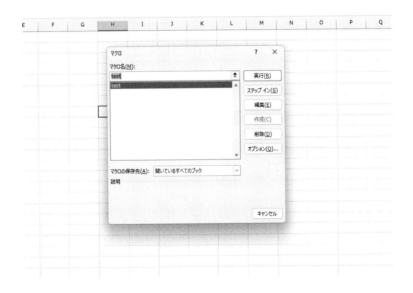

④　ショートカットキー
|ALT|＋|F8|後に設定。

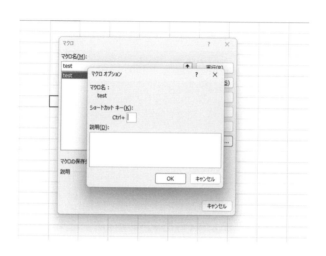

⑤　ボタン
［開発］タブの［挿入］→［フォームコントロール］。

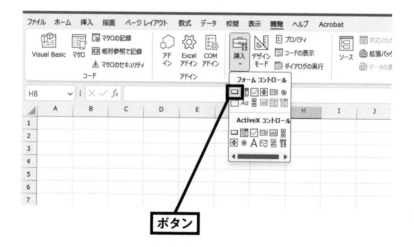

マウスでドラッグ後、実行するマクロを選択。

ボタンが完成（右クリックしてボタン名を変更可能）。

自分でマクロを使うなら、④のショートカットキーがおすすめです。
誰かに提供するなら、⑤のボタンを使いましょう。

GASの基礎

(1) GASを書く流れ

次はGASです。

GASはExcelではなく、Googleスプレッドシートを使います。

新規のGoogleスプレッドシートを開いて、［拡張機能］→［Apps Script］（アップススクリプト）とクリックしましょう。

ExcelマクロのVBEと似たようなものが出てきます。

事例は、スプレッドシートのセルA1に100を入れるものです。
ChatGPTには、「GAS　A1に100」と入れましょう。

たとえば次のような回答が出てきます。

GAS
A1に100

次に、A1セルに100を入力しましょう。以下がGoogle Apps Scriptでそのコードです：

```javascript
function setValueToA1() {
  var sheet = SpreadsheetApp.getActiveSpreadsheet().getActiveSheet();
  sheet.getRange('A1').setValue(100);
}
```

これをGoogleスプレッドシートに貼り付けて、実行すると、A1セルに100が入力されます。

ChatGPTからGASのコードをコピーして、貼り付けましょう。

GASの場合は、最初からこの「function〜」というものが書かれていますが、これを上書きして貼り付けていきます。

コードをコピーし、Ctrl + A（MacはCommand + A）でfunctionから}をすべて選択して、Ctrl + V（MacはCommand + V）で貼り付けると速いです。

GASの場合は、コードの実行時にいったん保存する必要があります。Ctrl + S（MacはCommand + S）で保存してCtrl + R（MacはCommand + R）で実行してみましょう。

第2章 Excelマクロ・GAS・Pythonの基本

すると、次のような警告が、そのプログラムごとに必ず出てきます。

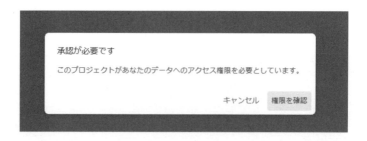

　GASのコードが、Googleスプレッドシートにアクセスする承認が必要なのです。
　ネット上にあるGoogleスプレッドシートに誰でもアクセスできるわけではありません。もしそうだと、自分のスプレッドシートが誰かに見られるということになります。
　自分のスプレッドシートだということを、Googleアカウントでログインして証明する必要があるのです。

　次に進めて、Googleアカウントをクリックし、［この無題のプロジェクトに移動］をクリックしましょう。

［詳細を表示］をクリックし、

［この無題のプロジェクト（安全ではないページ）に移動］をクリックしましょう。

「安全ではないページ」という表現にびっくりするかもしれませんが、気にしないようにしましょう。

プログラミングをするということは、不正アクセスやハッキングということもできる力を持つということです。

それだけの力があるからこそ効率化ができます。

といっても、本書を読み進め、基礎知識を身につけ、その力を正しく使えば、不安になる必要はありません。

さらに、[許可] をクリックし、次に進めると、GAS を実行できます。

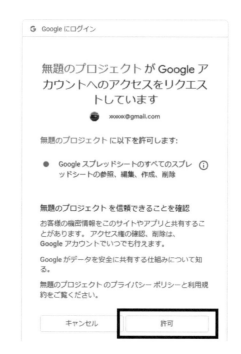

これで次回から、このファイルでは承認は必要ありません。
保存して Ctrl ＋ R で実行できます（Mac は Command ＋ R ）。

これを実行すると、スプレッドシートのセル A1 に 100 が入るわけです。

(2) GAS の保存

　GAS はクラウド上（Google ドライブ）に保存されます。どのパソコンでも使え、バックアップにもなっているということです。
　Ctrl ＋ S で保存するようにしましょう。
　Google ドライブのページを Chrome のブックマークに入れ（ Ctrl ＋ D 。Mac は Command ＋ D ）、ブックマークバー（Chrome で表示）に

入れておくと便利です。

　個々のスプレッドシートやドキュメントをブックマークに入れることもできます。

(3) GAS を開く

　GAS は単独でもファイルをつくることができますが、通常は、スプレッドシートやドキュメントなどと一体になっています。

　スプレッドシートやドキュメントなどを開けば使えるのです。

　GAS を編集したいときは、スプレッドシートやドキュメントなどで、[拡張機能] → [Apps Script] をクリックします。

5 Python の基礎

(1) Python の設定

Python を使ってみましょう。

Python はソフトを公式サイトからダウンロードの上、インストールする必要があります。

「Python」と検索し、次のサイト※を開きましょう。

[Downloads] をクリックし、ダウンロードします。

ダウンロードしたファイルをダブルクリックし、インストールしましょう。

ただし Windows の場合、次の「Add python.exe to PATH」にチェックを入れることを忘れないようにしなければいけません。

なお、このダウンロード、インストールは、パソコンごとにする必要があります。

※ https://www.python.org/

パソコンを買い替えたときも同様です。
また、バージョン（画像では 3.12.1）は、そのときどきで変わります。

インストールできるのは **IDLE**（アイドル）というソフトです。

(2) 新規ファイルを開く

IDLE を起動し、Ctrl + N で、新規ファイルを開きます。

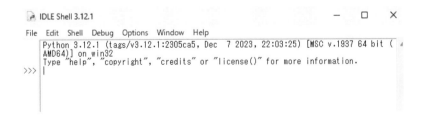

(3) 事例：Python で Excel を操作

事例は Excel のセル A1 に 100 を入れるものです。
ChatGPT には、「Python　Excel で A1 に 100」と入れましょう。

たとえば次のような回答が出てきます。

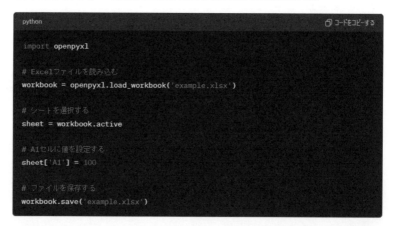

このコードを実行すると、"example.xlsx"という名前のExcelファイルが作成され、その中の"A1"セルに"100"が書き込まれます。必要に応じてファイル名やセルの位置、値を変更してください。

この ChatGPT のコードをコピーして、IDLE に貼り付けましょう。

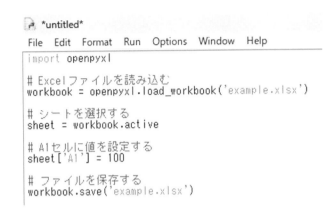

　Pythonには、さらに必要なことがあります。Excelを操作するなら、このコードにある **openpyxl**（オープンパイエクセル）というものが必要であり、パソコンにインストールしておかなければいけません。

　Windowsのコマンドプロンプトというアプリを開き、「pip install openpyxl」と入れ、Enterを押せば、インストールできます。

　Macの場合は、ターミナルというアプリで、「pip3 install openpyxl」です。

第2章　Excelマクロ・GAS・Pythonの基本　57

さらにコードには、**load_workbook（"○○.xlsx"）** という箇所があり、この Excel ファイルの準備が必要です。
　新規ファイルを開いて、たとえば、Book1.xlsx という名前で保存しましょう。
　該当のファイルが、あらかじめパソコンの中にある必要があります。

　このファイルの場所を Python に伝える必要があります。
　エクスプローラーで、該当のファイルを見つけ、右クリックして**パス**のコピーをしましょう。
　パスとはそのファイルの場所を指定するもの、住所のようなものです（Mac の場合は、Finder で該当のファイルを右クリックして、option キーを押し、［○○のパス名をコピー］を選択）。

　コピーしたパスをコードに貼り付けます。

さらに、ファイル名の前に **r** を入れておきましょう。
これがないとエラーになる可能性があります。

(4) Python の実行

ようやく実行です。
F5 キーで実行すると、このように保存するかどうかが聞かれます。

[OK] で Enter キーを押しましょう。
ファイルの保存の画面になるので、名前をつけて保存します。

GAS と同様に、Python の場合も保存をしてからでないと、実行できません（Excelマクロは保存をしなくても実行できます）。

　実行後、該当の Excel ファイルを開きましょう。
セル A1 に 100 と入っていれば OK です。

　エラーがあれば、最初に表示されます。
次のように何も出ていなければ OK です。

```
IDLE Shell 3.12.1                                          —   □   ×
File  Edit  Shell  Debug  Options  Window  Help
    Python 3.12.1 (tags/v3.12.1:2305ca5, Dec  7 2023, 22:03:25) [MSC v.1937 64 bit (
    AMD64)] on win32
    Type "help", "copyright", "credits" or "license()" for more information.
>>>
    ===================== RESTART: D:/Dropbox/0 INBOX/test.py =====================
>>>
```

　Python のファイルは、「.py」という種類であり、今度はこれをクリックするとそのコードを実行できます。

　編集するときは、エクスプローラーでファイルを右クリックして［その他のオプションを確認］→さらに右クリックして［Edit with IDLE○○］を選びましょう（Mac の場合は Finder を使い、右クリックは 1 回で大丈夫です）。

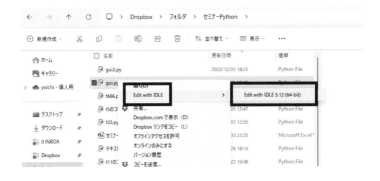

第2章 Excelマクロ・GAS・Pythonの基本

まとめ

利用料について、Excelマクロの場合は、Excel さえあれば無料。
GAS、Python も無料です。
無料で効率化できるのがプログラミングの魅力といえます。

設定は、Excelマクロは特に必要ありません。
Alt + F11 を押すだけです。

GAS も設定は必要なく、スプレッドシートで「ツール→拡張機能→AppsScript」を選択して起動します。
さらに、コードの実行時に許可をしなければいけません。

Python は、Python 自体のダウンロードとインストールが必要です。さらに、Openpyxl のようなライブラリのインストールも必要となります。
起動は、IDLE を起動し、新規ファイルを開くという流れです（IDLE 以外のソフトもありますが、本書では標準の IDLE のみを扱います）。

コードがあるファイルは、Excelマクロは Excel と一緒、GAS の場合もスプレッドシート（ドキュメント、スライドなど）と一緒で、Python は個別になっています。

Excelマクロは、コードの実行前の保存は必要なく、GAS と Python は必要です。

それぞれのプログラミングを、以降で詳しく、事例をまじえて見ていきます。

	Excelマクロ	**GAS**	**Python**
料金	Excelに含まれる	無料	無料
初期設定	不要	不要	必要（Pythonサイト）
起動	ExcelでAlt+F11、VBEでAlt→I→M	スプレッドシート等で[拡張機能]→[Apps Script]	IDLEでCtrl+N（MacはCommand+N）
ファイル	Excelと一緒（.xlsm）。マクロを有効にする必要	スプレッドシート等と一緒	独自ファイル（.py）
必須コード	Sub マクロ名()　End Sub	function プログラムの名前 { }	なし
インデント	自由	自由	ルールあり
変数の定義	Dim	var	なし
実行	F5等	Ctrl+R（初回は承認が必要）	F5
実行前の保存	不要	必要	必要
コメント	'	//	#
大文字・小文字の別	なし	あり	あり

第2章　Excelマクロ・GAS・Python の基本　63

第3章

ChatGPTによる Excelマクロの学習

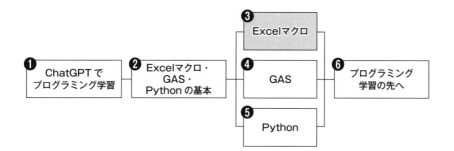

1 Excelマクロを書いてみよう

　ChatGPT でプログラミングが楽になったとしても、その理屈は理解しておくべきです。

　それぞれのプログラミングについて、ChatGPT を使わず、その基礎の書き方をお伝えします。

（1）Excelマクロの手順

　Excelマクロは、次の手順で書いていきましょう。

　事例は、Excel のセル A1 に 100 を入れるというものです。

　プログラミングツールは、ある程度自動的に入力をサポートしてくれる機能があるので、利用しましょう。

　まず、「sub マクロ名（任意。ここでは test）」を入れ、Enter キーを押すと、sub が **Sub** となり、**()** と **End Sub** が自動表示されます。

　インデント、改行、空白は自由です。

　通常の文章と同様、見やすいように書きましょう。

　コードは見直して、改善するものだからです。

　余分な空白は、適度に自動調整されます。

　インデントは、Tab キーで調整しましょう。

　Space キーだと全角スペースと半角スペースもあり、ずれてしまい見づらくなるので、ここは Tab キーを使います。

　この Tab キーは、左手の小指で押すように心がけましょう。

　両手を正しい位置で使うことが効率化につながります。

プログラミングでも通常のタイピングでも同様です。

タイピングが速くなると、すべての仕事が速くなります。

Excelマクロの場合は、すべて小文字で書きましょう。

必要なところは、小文字を大文字に変えてくれます。

もし変わらないときには、入力を間違えている可能性があるということです。

それがすぐにわかるので、小文字で入力するようにしましょう。

```
Sub test()
End Sub
```

次に、**Sub** と **End Sub** の間に、**range("a1").value = 100** と入力。入力が正しければ、range ➡ Range、value ➡ Value と、頭文字が大文字となります。

```
Sub test()
    Range("a1").Value = 100
End Sub
```

大文字になった

VBE で F5 キーを押して実行し、Excel のセル A1 に 100 が入るかを確認しましょう。

(2) Excelマクロのエラーチェック

Excelマクロを実行後、エラーが出ることがあります。

Excelマクロで出てくる可能性があるエラーは、次の3種類です。

[エラー1] コードが赤くなり、実行できない

あきらかな文法エラーです。

ためしに () の左側を消してみましょう。

エラーになるはずです。

[エラー2] 実行するとエラーが出て止まる

実行後判明するエラーです。

ためしに a1 を a に変えてみましょう。

赤字にはなりませんが、実行すると次のような警告が出て、コードの実行が止まります。

[デバッグ] をクリックしましょう。

VBE に切り替わり、エラーの箇所が黄色になっています。

黄色い行でエラーがあるということです。

セル a1（A1）は存在しますが、a というものは存在しません。

［エラー3］エラーは出ないが想定する結果になっていない

　最も怖いエラーです。

　実行してもエラーは出ないのですが、想定した結果にならないこともありえます。

　たとえば、

```
Sub test
    Range("e10").Value = 100
End Sub
```

というコードを実行すると、問題なく動きます。

　コードは「セルE10に100を入れる」となっていますが、セルF10に100を入れようとしていたなら、エラーです。

　こういったことがないか、コードの実行結果を確認しましょう。

　ChatGPTを使うにしろ、ご自身で書くにしろ、最終確認は人間がする必要があり、最終的に責任を負うのも自分です。

　コードのうち、どれが必須なのか変えてはいけないのか、試してみましょう。

　マクロ名は何でもいいので、たとえばMacroと変えてみましょう。これで動けば、変えてもいいということです。

　ただし、マクロ名にworkbook save excelといったものは、使えません。

　これらを覚える必要はなく、もしエラーが出れば別のものにすれば十分です。

　そのエラーの種類について確認しておきましょう。

　エラーが出た場合は、そのコードをコピーしてChatGPTに貼り付けましょう。

　ChatGPTが、その解決策を教えてくれます。

第3章　ChatGPTによるExcelマクロの学習　**69**

「エラーを修正してください」「エラーが出ました」という言葉は必要ありません。

ChatGPT の回答に英語で解説が出てくるときには、「日本語で」を付け加えてみましょう。

ChatGPT への入力&回答例

あなた
Sub test()
　　Range"a1").Value = 100
End Sub
日本語で

ChatGPT
この VBA コードは、セル A1 に値 100 を入力するものですね。

このコードは、Excel の VBA で使用されるのもので、"Sub" と "End Sub" の間に記述された部分が実際に行われる処理を定義しています。Range("A10").Value = 100 の部分がセルに値 100 を代入する命令です。

ピリオド（.）、ダブルコーテーション（"）も消してみるとエラーが出ます。
これらはすべて必須ということです。

プログラミングを使ったら、必ず目でチェックしましょう。
ただ、一度成功すれば、ほとんどの場合、あとはチェックの必要はありま

70

せん。

これもプログラミングの魅力です。

(3) コメント

プログラミングでは、コメントを入れることができます。

後で見返して、わかるようにするためです。

そのコメントなのか、コードなのかを明確に区別する必要があります。

Excelマクロでは、'（シングルコーテーション。 Shift + 7 ）です。

(4) コードの選択

VBE でのコードの選択は、 Shift + 下 を使いましょう。

行の先頭に移動して（ Home ）、 Shift + 下 を押すことで、きれいに 1
行を選択できます。

この後、コピー、削除、切り取りができるのです。

(5) セルの転記

Excelマクロでセルの値を転記してみましょう。

事例は、セル A1 にセル E10 を転記するものです。

「○＝△」で「○に△を入れる」の原則どおり、セル A1 にセル E10 を入
れてみましょう。

セル A1 にセル E10 を入れる
↓
セル A1 ＝セル E10
↓

```
Range("a1").Value = Range("e10").Value
```

となります。

実行してみましょう。

第 3 章　ChatGPT による Excelマクロの学習　71

（6）別のシートへ転記

　では、次にシート間の処理をやっていきます。

　Excel は、ブック（ファイル）、シート、セルというしくみです。

　このシートをまたぐ処理をやってみましょう。

　シートを 1 枚増やして、1 つ目のシートを data、2 つ目のシートを invoice（インボイス）としましょう。

　コードを書く上では、シート名はアルファベットのほうがおすすめです。

　シート名を日本語にしてしまうと、入力のたび、いちいち日本語モードに切り替えなければいけません。

　効率化するためにプログラミングするわけですから、細部にまでこだわりましょう。

　では、シート「invoice」の B5 にシート「data」の E10 を入れるコードを書いてみます。

　Range("b5").Value は、ブックとシートが省略されています。

　このブックが book1 なら、

```
Workbooks("book1.xlsx").Worksheets("invoice").Range("b5")
.Value
```

となり、**Workbooks("book1.xlsx").Worksheets("invoice")** を省略すると、今開いているブック、シートと解されます。

```
ActiveWorkbook.ActiveSheets.Range("b5").value
```

ということです。

　今回は、ブックは同じものなので省略でき、シートはそうではないので、省略できません。

72

シート「invoice」の B5 にシート「data」の E10 を入れる
↓
シート「invoice」の B5 ＝ シート「data」の E10
↓

> Worksheets("invoice").Range("b5").Value = Worksheets("data").Range("e10").Value

これを書いて実行してみましょう。
ChatGPT に入れるなら、たとえば次のようになります。

ChatGPT への入力&回答例

Y あなた
Excelマクロ
シート「invoice」の B5 をシート「data」の E10 へ転記

ChatGPT
次の VBA コードを使用して、Excel のマクロを記録することができます。

```vba
Sub CopyData()
    Sheets("invoice").Range("B5").Value = Sheets("data").Range("E10").Value
End Sub
```

　プログラミングを学ぶ過程では、実際に書いてみることと ChatGPT に入れてみることを、両方やっていきましょう。
　まずは ChatGPT に入れた答えで効率化し、できた時間を実際に書いてみる時間にあてるのがおすすめです。
　くれぐれも、できた時間を他の仕事で埋めないようにし、しっかりと理解しながら進めていきましょう。

2 〔事例〕Excelマクロでデータ集計

本事例は、1つのファイルに月別の経費精算書のExcelがあるというものです。

(1) 事例の概要　**Download**

それぞれの経費精算書ファイルから合計額、つまり経費の金額を集めます。

月別の経費の合計額を一覧で知りたいというケースです。

	A	B	C	D	E
1				立替経費精算書	
2					
3					
4					
5					
6				合計金額	9,020
7					
8					
9					
10	月日	科目	支払先	内容	金額
11	2024/1/4	消耗品費	コンビニR	ペン	150
12	2024/1/6	旅費交通費	地下鉄銀座線	渋谷→表参道	320
13	2024/1/13	会議費	Y屋	打ち合わせ	3,040
14	2024/1/13	会議費	カフェS	打ち合わせ	4,560
15	2024/1/20	消耗品費	コンビニR	USB-Cケーブル	950
16					
17					
18					
19	集計				9,020

集計先のシートは、シート名を「集計」として、A列に「月」をあらかじめ入れ、マクロでB列にそれぞれのシートの「金額」を入れていきます。

それぞれの経費精算書のシートは、セルE6に金額という構成です。

このE6をB列に集めていくのです。

(2) ChatGPTへの入力

ChatGPTには、次のように入れてみましょう。
1行目はタイトルなので、2行目に入れていきます。

ChatGPTへの入力

あなた
Excelマクロ
すべてのシートからシート「集計」の2行目以降へ転記
E6をB列

結果、たとえば次のように出てきます。

ChatGPTの回答例

ChatGPT

```
Sub データ転記マクロ()
    Dim ws As Worksheet
    Dim ws集計 As Worksheet

    ' シート「集計」を設定
    Set ws集計 = ThisWorkbook.Sheets("集計")

    ' 全てのシートをループ
    For Each ws In ThisWorkbook.Sheets
        ' シート名が「集計」でない場合のみ転記
        If ws.Name <> "集計" Then
            ' シート「集計」の次の行に転記
            ws集計.Cells(ws集計.Cells(Rows.Count, 2).End(xlUp)
            .Row + 1, 2).Value = ws.Range("E6").Value
        End If
    Next ws
End Sub
```

Excel にて $\boxed{Alt}$ + $\boxed{F11}$ で VBE を開き、$\boxed{Alt}$ → $\boxed{I}$ → $\boxed{M}$ で標準モジュールを入れ、コードを貼り付けて $\boxed{F5}$ で実行しましょう（実行は 44 ページを参照）。

次のようになれば、OK です。

	A	B	C	D	E	F	G	H
1	月	金額						
2	1月	9,020						
3	2月	2,100						
4	3月	9,810						
5	4月	5,140						
6	5月	1,730						
7	6月	1,790						
8	7月	3,060						
9	8月	3,410						
10	9月	4,860						
11	10月	7250						
12	11月	10,400						
13	12月	2,240						
14								

< > 1月 2月 3月 4月 5月 6月 7月 8月 9月 10月 11月 12月 集計

（3）コードの解説

Sub の後には、データ転記マクロという名前がついています。

これは、前述のとおり、任意のものでかまいません。

Sub データ転記マクロ()

Dim（ディム）で変数を定義しています。

ws はそれぞれのシート、**ws 集計**はシート「集計」という意味です。

このように置き換えたほうが、コードが読みやすくなり、便利に書けるのです。

たとえば、この **ws** には、1 月、2 月、3 月……と意味するものが変わっていきます（このように変わるので、「変数」というのです）。

76

```
Dim ws As Worksheet
Dim ws集計 As Worksheet
```

　仮に変数を使わないと、コードがかなり複雑になり、読みにくく、手間も
かかります。
　変数をうまく使っていきましょう。

　なお、前述のとおりこの変数は任意です。
　変数は日本語でもいいのですが、実際に書くときには、入力モードの変更
が必要ないアルファベットをおすすめします。
　ChatGPT が日本語の変数にしたときは、そのまま使ってもかまいません。
　なお、「変数はアルファベットで」と ChatGPT に続けて入力すれば、そ
のように変更してくれます。

　まずは、シート「集計」を **ws 集計**という変数に入れています。

```
Set ws集計 = ThisWorkbook.Sheets("集計")
```

　今回、シート「1 月」から「12 月」まで繰り返し処理をします。
　それを伝えているのが、

```
For Each ws In ThisWorkbook.Sheets

Next ws
```

です。
　この間に書いたものを繰り返します。
　Next は、次のシートまで繰り返すという意味です。

　集計をするときに、すべてのシートと伝えるのですが、厳密には、シート
「集計」以外のすべてのシートという意味になります。
　ただ、ChatGPT にはそれを書かなくても伝わりますので、例のとおり入
れておけば問題ありません。

第 3 章　ChatGPT による Excelマクロの学習　77

これを **If** と **End If** の間に書いています。

```
If ws.Name <> "集計" Then
  ' シート「集計」の次の行に転記
  ws集計.Cells(ws集計.Cells(Rows.Count, 2).End(xlUp)
  .Row + 1, 2).Value = ws.Range("E6").Value
End If
```

IF は Excel の関数でも使うこともありますが、マクロの場合は、**End If** が必要です。

シート「集計」にシート「1 月」から転記していくときに、シート「1 月」はシート「集計」の 2 行目に転記し、その次のシート「2 月」は、3 行目に転記します。

このときに、その転記先を自動で判定してくれるのです。

シート「1 月」を転記する前は 2 行目が最終行、その次は 3 行目が最終行となります。

プログラミングで毎回、たとえばシート「1 月」は 2 行目、シート「2 月」は 3 行目と指定しなくてもいいのです。

```
.Cells(ws集計.Cells(Rows.Count, 2).End(xlUp).Row + 1, 2).Value
```

で、データを貼り付けるべき最終行をカウントしています。

ws集計.Cells(Rows.Count, 2) は、シート「集計」自体の最終行。

Excel は 1,048,576 行ありますので、いったんその一番下にカーソルを移動し（ Ctrl ＋ 下 ）、そこから Ctrl ＋ 上 でデータの最終行に移動できます。

この操作を、マクロがやってくれているのです。

さらに転記部分は、基本の○＝△の形です。

```
ws集計.Cells(ws集計.Cells(Rows.Count, 2).End(xlUp)
.Row + 1, 2).Value = ws.Range("E6").Value
```

(4) コードを1行ずつ実行してみよう

コードを F8 で1行ずつ実行するのもいい勉強になります。

VBE 上で黄色い部分が、これから実行する部分です。

変数にカーソルを当てれば、今、何が入っているかがわかります。

1行目を F8 キーで実行すると、1つ目のシートの「1月」が入ります。

```
' 全てのシートをループ
For Each ws In ThisWorkbook.She

    ' シート名が「集計」でないは
    If ws.Name <> "集計" Then
      ws.Name = "1月" 「集計」の次の行
          ws集計.Cells(ws集計.Ce
    End If
Next ws
```

さらに F8 キーで実行すると、次に「2月」が入り、シートごとに処理するのです。

```
' 全てのシートをループ
For Each ws In ThisWorkbook.She

    ' シート名が「集計」でない場
    If ws.Name <> "集計" Then
      ws.Name = "2月" 「集計」の次の行
          ws集計.Cells(ws集計.Ce
    End If
Next ws
```

第3章　ChatGPT による Excelマクロの学習　79

〔事例〕Excelマクロで複数のファイルからデータ集計

Excelマクロで、フォルダ内のデータを結合するという事例です。

(1) 事例の概要　**Download** ⤓

事前準備として、サンプルファイルを同じフォルダに入れましょう。
ファイルはこのようなものです。
同様のファイルが3つあります。

	A	B	C
1	日付	勘定科目	金額
2	2024/7/9	水道光熱費	580
3	2024/1/24	交通費	798
4	2024/1/13	通信費	738
5	2024/5/30	通信費	812
6	2024/12/12	通信費	150
7	2024/1/19	会議費	791
8	2024/8/21	会議費	368
9	2024/10/26	交通費	351
10	2024/11/8	会議費	988

(2) ChatGPTへの入力

ChatGPTには次のように入れてみましょう。
フォルダ名は、任意です。

ChatGPTへの入力

 あなた

Excelマクロ

フォルダ　"¥¥Mac¥Dropbox¥ChatGPTプロ¥csvdata"
のファイルにある全データの２行目以降を
このファイルのシート「data」に結合

フォルダの場所（パス）を入れる必要があります。
ご自身のパソコンでエクスプローラーを開き、そのフォルダで右クリック→ ［パスのコピー］でコピーしましょう（Mac の場合は、Finder でそのフォルダを右クリックし、option キーを押し、[○○のパス名をコピー]）。

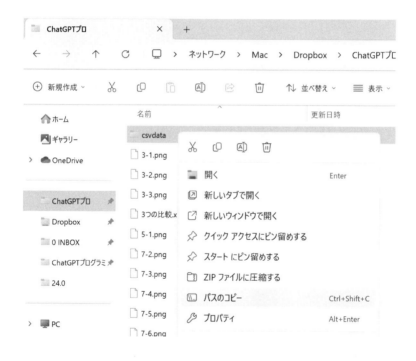

そのフォルダにあるファイルの２行目（１行目は見出しのため）以降をコピーして、このファイルに貼り付けていきます。
データを集めたいファイルをあらかじめつくっておきましょう。
シート名は、「data」です（ChatGPT にもそう伝えています）。

以上の結果、たとえば、ChatGPT にはこういった答えが出てきます。

ChatGPT の回答例

ChatGPT

```
Sub 結合CSVデータ()
    Dim フォルダパス As String
    Dim ファイル名 As String
    Dim ワークブック As Workbook
    Dim データシート As Worksheet
    Dim 最終行 As Long

    ' フォルダのパスを指定
    フォルダパス = "¥¥Mac¥Dropbox¥ChatGPTプロ¥csvdata¥"

    ' データを結合するシートを指定
    Set ワークブック = ThisWorkbook ' このマクロを含むワークブック
    Set データシート = ワークブック.Sheets("data") ' データを結合するシート

    ' フォルダ内の CSV ファイルを処理
    ファイル名 = Dir(フォルダパス & "*.csv")
    Do While ファイル名 <> ""
        ' CSV ファイルを開く
        Workbooks.Open フォルダパス & ファイル名
        ' データをコピーして結合
        With Workbooks(ファイル名).Sheets(1)
            最終行 = .Cells(.Rows.Count, 1).End(xlUp).Row
            If 最終行 > 2 Then
                .Range(.Cells(2, 1), .Cells(最終行, .Columns.Count)) _
                .Copy データシート.Cells(データシート.Cells(Rows _
                .Count, 1).End(xlUp).Row + 1, 1)
```

```
            End If
        End With
        ' ファイルを閉じる
        Workbooks(ファイル名).Close SaveChanges:=False
        ' 次のファイルへ
        ファイル名 = Dir
    Loop
End Sub
```

Excel にて Alt + F11 で VBE を開き、Alt → I → M で標準モジュールを入れ、コードを貼り付けて F5 で実行しましょう。

フォルダのデータが 1 つになっていれば OK です。

そのファイルごとにデータの数は違いますが、Excelマクロは「2 行目以降」を伝えれば、データがあるところまでを確実に転記してくれます。

(3) コードの解説

では、このコードを見ていきましょう。

この事例では、ChatGPT は変数を日本語にしています。

まず、**Dim** で変数の宣言です。

フォルダ、パス、ファイル名、それぞれのシート、集計先のシートなどを変数に入れます。

その後、ファイルを探します。

Dir とフォルダパス、***.csv** でファイルを探します。***.csv** は、CSV ファイルを探すという意味です。

```
Do While  ○
△
Loop
```

第 3 章　ChatGPT による Excelマクロの学習　83

は、○という条件を満たしている間、△を繰り返します。

> ファイル名 <> ""

で、ファイル名が ""（空白）ではない、つまりファイルがあるかぎり、△の処理をしていくというしくみです。

ファイルが見つかったら、

> Workbooks.Open フォルダパス & ファイル名

でファイルを開き、最終行をカウントし、2 行目（「もし 2 行目なら」と **If** で仮定）から最終行までをコピーし、シート「data」に貼り付けていきます。

CSV ファイルはその後閉じます。

```
With Workbooks(ファイル名).Sheets(1)
    最終行 = .Cells(.Rows.Count, 1).End(xlUp).Row
    If 最終行 >2 Then
        .Range(.Cells(2, 1), .Cells(最終行, .Columns.Count))
        .Copy データシート.Cells(データシート.Cells(Rows
        .Count, 1).End(xlUp).Row + 1, 1)
    End If
```

このコードなら、フォルダ内にファイルがいくら増えようとも同じように処理できます。手間は増えません。

これがプログラミングのメリットです。

データのチェックの手間は増えますが、ファイルを結合すること自体の手間は増えません。

今回の事例では、行全体を転記しているので、列（データの項目）が増えても対応できます。

社員別のデータ、月別のデータ、商品別のデータなどを結合できます。

Excel の機能（取得と変換）でもこの結合は可能ですが、マクロのほう
が応用がきくので、おすすめです。
　特定のセルにあるデータを集めるということも、同じしくみでできます。

　気をつけたいのは、
・**フォルダ内にすべてのファイルを入れること**
・**ファイルごとに構成（A 列に日付、B 列に科目、C 列に金額）を変えな
　いこと**
です。
　人間が、これらを忘れると、マクロがいくら完璧でもミスが起こり得ま
す。
　プログラミングでレールをつくり、その上に仕事を走らせるだけというこ
とを心がけましょう。

　そして、データが 1 つのシートにあるメリットを感じることも欠かせま
せん。
　会計ソフトの仕訳データは、1 つにまとまっているはずです。
　Excel のデータが 1 つのシートにまとまっていれば、
・**データの集計（ピボットテーブル）**
・**データの検索**
・**会計ソフトへデータの取り込み**
が効率的よくできます。

　また、最初からデータがファイルごとに分かれておらず、1 つにまとまっ
ていれば、このマクロは必要がありません。
　マクロ、プログラミングが必要ないデータのつくり方をするのが、効率化
のポイントです。

第 3 章　ChatGPT による Excelマクロの学習　85

4 〔事例〕Excelマクロで請求書作成

売上データを請求書のフォーマットに転記してPDFにする事例です。

(1) 事例の概要

1行の売上データを1つのフォーマットに転記していきます。
売上データと請求書フォーマットは次のようなものです。

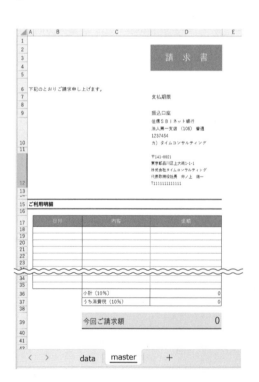

本事例では、
・A 列の請求書番号を D1
・C 列の会社名を B2
・D 列の肩書を B3
・E 列の担当者名に「_様」をつけて B4
・F 列の発行日を D5
・G 列の支払期限を D8
・H から J 列の請求内容を B18 から D18
という処理を繰り返していきます。

　請求書のフォーマットは、シート「master」にあらかじめつくっておきましょう。
　書式も数式も設定しています。
　こちらの情報、インボイス制度に登録している場合、登録番号も入れておきましょう。

(2) ChatGPT への入力
　ChatGPT には次のように入れてみます。

ChatGPTへの入力

Y あなた

Excelマクロ

シート「data」の2行目以降のすべてのデータをシート「master」へ繰り返し処理
・A列の請求書番号をD1
・C列の会社名をB2
・D列の肩書をB3
・E列の担当者名に「様」をつけてB4
・F列の発行日をD5
・G列の支払期限をD8
・HからJ列の請求内容をB18からD18に
・シート「master」をPDFで保存
ファイル名は、C列の会社名+「請求書」+発行日(yyyymmdd)
シート「master」のデータはクリアしない

　売上データは1行目が見出しですので、「2行目以降すべて」を指定します。
　担当者名は「_様」をつけたいので、そのように伝えます。
　請求内容はまとめて転記できます。
　ファイル名は、電子帳簿保存法が求める「検索機能の確保」も念頭におき、「会社名+「請求書」+日付」にしました。ここは自由に変えることができます。

　なお、ChatGPTは、ひな形のシート「master」のデータをすべて消したがる傾向がありますので、シート「master」をクリアしないように伝えておきましょう。

　結果、たとえばこのような結果が返ってきます。

ChatGPTの回答例

🤖 ChatGPT

```
Sub CreateInvoicesAndSavePDF()
    Dim dataSheet As Worksheet
    Dim masterSheet As Worksheet
    Dim lastRow As Long

    ' データシートとマスターシートを設定
    Set dataSheet = ThisWorkbook.Sheets("data")
    Set masterSheet = ThisWorkbook.Sheets("master")

    ' データシートの最終行を取得
    lastRow = dataSheet.Cells(dataSheet.Rows.Count, "A") _
    .End(xlUp).Row

    ' ループでデータをコピーして処理
    For i = 2 To lastRow
        ' データのコピー
        masterSheet.Range("D1").Value = dataSheet.Cells(i, 1).Value
        masterSheet.Range("B2").Value = dataSheet.Cells(i, 3).Value
        masterSheet.Range("B3").Value = dataSheet.Cells(i, 4).Value
        masterSheet.Range("B4").Value = dataSheet.Cells(i, 5).Value _
        & " 様"
        masterSheet.Range("D5").Value = dataSheet.Cells(i, 6).Value
        masterSheet.Range("D8").Value = dataSheet.Cells(i, 7).Value
        masterSheet.Range("B18:D18").Value = dataSheet.Range _
        (dataSheet.Cells(i, 8), dataSheet.Cells(i, 10)).Value

        ' PDF で保存
        Dim fileName As String
        Dim company As String
```

```
Dim issueDate As String
company = dataSheet.Cells(i, 3).Value
issueDate = Format(dataSheet.Cells(i, 6).Value, "yyyymmdd")
fileName = company & "請求書" & issueDate & ".pdf"
masterSheet.ExportAsFixedFormat Type:=xlTypePDF ⌐
, Filename:=fileName                            ⌐

' マスターシートのデータをクリアしない(新しいデータを上書き)
Next i
End Sub
```

(3) コードの解説

まず変数をシート「data」、「master」、そして最終行に設定します。
シート「data」のデータ数を数えるためです。

```
Dim dataSheet As Worksheet
Dim masterSheet As Worksheet
Dim lastRow As Long

' データシートとマスターシートを設定
Set dataSheet = ThisWorkbook.Sheets("data")
Set masterSheet = ThisWorkbook.Sheets("master")

' データシートの最終行を取得
lastRow = dataSheet.Cells(dataSheet.Rows.Count, "A") ⌐
.End(xlUp).Row                                       ⌐
```

サンプルは、4行ですので、2行目から4行目までで繰り返します。
この繰り返しが **For**〜**Next** です。
繰り返す部分は、前述した転記です。

```
For i = 2 To lastRow
  ' データのコピー
  masterSheet.Range("D1").Value = dataSheet.Cells(i, 1).Value
  masterSheet.Range("B2").Value = dataSheet.Cells(i, 3).Value
  masterSheet.Range("B3").Value = dataSheet.Cells(i, 4).Value
  masterSheet.Range("B4").Value = dataSheet.Cells(i, 5).Value ⌐
  & " 様"                                                      ⌐
  masterSheet.Range("D5").Value = dataSheet.Cells(i, 6).Value
  masterSheet.Range("D8").Value = dataSheet.Cells(i, 7).Value
```

「_様」は**&**でつけることができます。
請求内容は３つまとめて、

```
masterSheet.Range("B18:D18").Value = dataSheet.Range ⌐
(dataSheet.Cells(i, 8), dataSheet.Cells(i, 10)).Value ⌐
```

で指定されています。

最後に PDF を保存しましょう。PDF 保存は、

```
masterSheet.ExportAsFixedFormat Type:=xlTypePDF ⌐
, Filename:=fileName                            ⌐
```

の部分です。
変数 fileName に、

```
fileName = company & "請求書" & issueDate & ".pdf"
```

と指定しています。
　コードを実行した結果、この Excel ファイルと同じ場所に３つの請求書
の PDF ファイルが保存されていれば、成功です。

　さらに、売上データは複数行になる可能性もあるでしょう。
　その対応は ChatGPT ではなかなか難しいものです。

第３章　ChatGPT による Excelマクロの学習　91

ChatGPTでつくったものを改善していきましょう。

私のブログで「請求マクロ完全版」で検索すると、サンプルがダウンロードできます。私が長年使っているExcelマクロです（本書用のダウンロードファイルとしても準備しています）。

請求書をつくる方法には、会計ソフトや請求書作成ソフトもありますが、やはり手間がかかります。
Excelマクロでつくったほうが速く、自由度は高いです。

また、売上データのシートに数式で仕訳データをこのようにつくっておけば、仕訳として取り込みもできます。

郵送するなら、ExcelマクロでPDFをつくり、Webゆうびんで送りましょう。
　請求書作成マクロのように、シートにあるデータを複数のシート（テンプレート）へコピーする事例としては、給与明細でも使えます。
　給与計算はExcelの数式（所得税の計算はXLOOKUP関数を使うと便利です）で計算し、明細をつくる部分でExcelマクロを使うのです。

第 4 章

ChatGPT による GAS の学習

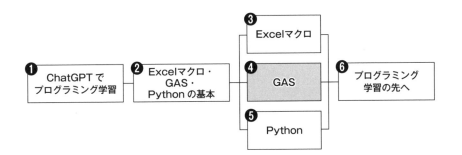

GAS を書いてみよう

本章では、GAS を実際に書いていってみましょう。

Google スプレッドシートにて［拡張機能］→［Apps Script］で、GAS を書く場所を開きます。

最初から「**function~}**」とありますので、その間にコードを書いていきましょう。

事例は、Google スプレッドシートのセル A1 に 100 を入れるものです。GAS の場合は、まずスプレッドシートを使う部分を書いていきます。

sp と入れると、予測で **SpreadsheetApp** が出てくるので、Tab キーで確定しましょう。

次に、今開いているスプレッドシートを指定します。
.（ピリオド）、さらに **g** と入れ、候補として出てくる **getActiveSpreadsheet** を選び、続けて **()** を入れましょう。

次にシートを選ぶので、**.**（ピリオド）、**g** と入れ、**getActivesheet** を選び、続けて **();** を入れます。

長くなったので、ここまでを **sheet** という変数に入れます。

var sheet =

これは必須ではありません。
ただ、今回は ChatGPT で出てきた答えと合わせてみました。

この **var** は、変数を設定（定義）するという意味です[※]。

[※] GAS で変数を指定する場合、通常 var、const、let を使い分けますが、すべて var でも問題なく、ChatGPT の回答でも var のみですので、本書では var を使います。

```
var sheet = SpreadsheetApp.getActiveSpreadsheet()
.getActiveSheet();
```

で、sheet という変数に SpreadsheetApp.getActiveSpreadsheet()
.getActiveSheet(); を入れます。

　Excelマクロのように、○＝△で、「○に△を入れる」という意味です。

　SpreadsheetApp.getActiveSpreadsheet().getActiveSheet
(); は、スプレッドシートの今使っているシートを意味します。今使ってい
るシート（シート1）に対して操作するということです。

　なぜ **sheet** という変数を使うか。

```
var sheet = SpreadsheetApp.getActiveSpreadsheet()
.getActiveSheet();
sheet.getRange("A1").setValue(567);
```

は、

```
SpreadsheetApp.getActiveSheet().getActiveSpreadsheet()
.getRange("A1").setValue(567);
```

と1行にまとめてもいいのですが、ちょっと長くなります。

　もっと多くの処理をするときに困るのです。

　そこで、一度 **sheet** に **SpreadsheetApp.getActiveSpreadsheet()**
.getActiveSheet(); を入れて、その後は **sheet** を使えば楽に書け、見
やすくなります。

　そのための変数です（なお、ExcelマクロではDimで変数を定義し、
Python は定義しません）。

　この **sheet** を使ってセルを指定します。

　sheet のあとに.（ピリオド）を入れて、**g** と入れ、セルという意味で
getRange を選びましょう。

96

```
function myFunction() {

  var sheet=SpreadsheetApp.getActiveSpreadsheet().getActiveSheet();

  sheet.getr
}
```

カッコ内には、セルA1のA1を入れます。

文字はダブルコーテーションで囲み、数字はそのままというルールです。そのように入力しましょう。

「A1」は小文字でも伝わります。

次にセルに数値をセットします。
.（ピリオド）、**s** と入力してみましょう。
値を入れるという意味の **setValue** を入れ、カッコ内に 100 を入れ、
setValue(100); とします。

これで実行してみましょう。
初回は保存、承認が必要です。
実行は Ctrl + R です（実行については 49 ページ参照）。

スプレッドシートをチェックしてみましょう。
セル A1 に 100 が入っていれば OK です。

ChatGPT に入れるなら、Excelマクロのときと同様に、
・**使うプログラミングを指定**
・**シンプルに**
ということに気を付けましょう。

たとえば、こう入れます。

ChatGPTへの入力&回答例

 あなた
GAS
A1 に 100

 ChatGPT
このコードは Google Apps Script（GAS）で書かれているようですね。
A1 セルに 100 を入力するコードですね。

```javascript
function myFunction() {
  var sheet = SpreadsheetApp.getActiveSpreadsheet().getActiveSheet();
  sheet.getRange('A1').setValue(100);
}
```

これは Google スプレッドシート上の Google Apps Script エディタに入力して実行できます。

〔事例〕Google カレンダーを スプレッドシートへ

Google カレンダーのデータをスプレッドシートに一覧で出すという事例です。

(1) 事例の概要
予定を一覧で確認でき、私は Excel のタスク管理に使っています。
過去のカレンダーでも、書き出すことで分析に役立ちます。
去年の今頃は何をしていたかを分析し、今後に活かしましょう。
繁忙期をなくすためにもおすすめです。
予定が多すぎると、効率化できません。

(2) ChatGPT への入力
ChatGPT には、次のように入れてみましょう。

ChatGPT への入力

 あなた

GAS
カレンダーをスプレッドシートに

カレンダー　○○○ @gmail.com
スプレッドシート　○○○○○○
シート1
過去1週間
日付（yyyy/mm/dd）、予定、開始時刻（hh:mm）、終了時刻（hh:mm）

必要なのは、
・**GAS を使うこと**
・**Google カレンダーの ID（Gmail アドレス）**
・**Google スプレッドシートの ID**
・**Google スプレッドシートのシート名**
・**どの期間にするか**
・**どんなデータをスプレッドシートに入れるか**
です。

カレンダーの期間は過去 1 週間にしました。

Google カレンダーは、ID で指定し、その ID は、Gmail アドレスを使います。
スプレッドシートの ID は、使うスプレッドシートのアドレスバーからコピーしましょう（ID は、それぞれ変わります）。

シート名は、初期設定の「シート 1」を使います。
エラーが出ることが多いので、指定しておきましょう。
スプレッドシートに書き込む項目は、日付、予定、開始時刻、終了時刻を指定しました。
日付、時刻は、それぞれ書式も指定しています。

返ってくる答えは、たとえばこういったものです。

ChatGPT の回答例

ChatGPT

```
function importCalendarEventsToSpreadsheet() {
    // カレンダーとスプレッドシートの ID を指定
    var calendarId = "○○○@gmail.com";
    var spreadsheetId = "○○○○○○";

    // 過去 1 週間の日付範囲を計算
    var today = new Date();
    var oneWeekAgo = new Date(today.getTime()-7*24*60*60*1000);

    // カレンダーからイベントを取得
    var events = CalendarApp.getCalendarById(calendarId)
        .getEvents(oneWeekAgo, today);

    // スプレッドシートを開いて「シート 1」を取得
    var sheet = SpreadsheetApp.openById(spreadsheetId)
        .getSheetByName("シート 1");

    // ヘッダー行を設定
    sheet.getRange(1, 1, 1, 4).setValues([["日付", "予定",
        "開始時刻", "終了時刻"]]);

    // イベントをスプレッドシートに書き込む
    var data = [];
    for (var i = 0; i<events.length; i++) {
        var event = events[i];
        var row = [Utilities.formatDate(event.getStartTime(), "JST"
            , "yyyy/MM/dd"),
            event.getTitle(),
            Utilities.formatDate(event.getStartTime(), "JST", "HH:mm"),
```

```
        Utilities.formatDate(event.getEndTime(), "JST", "HH:mm")];
    data.push(row);
  }

  // データを書き込む
  sheet.getRange(2, 1, data.length, 4).setValues(data);
}
```

このコードを実行して、たとえば次のような結果を目指します（私の実際の予定です）。

	A	B	C	D
1	日付	予定	開始時刻	終了時刻
2	2024/01/22	Yさん	11:00	12:00
3	2024/01/22	D様	15:00	17:00
4	2024/01/23	大井町	11:00	11:30
5	2024/01/23	トレーニング	16:00	16:30
6	2024/01/24	O様	11:00	12:30
7	2024/01/24	キッザニア	13:00	19:00
8	2024/01/25	Y様	9:30	11:00
9	2024/01/25	整体	14:30	15:30

(3) コードの解説

では、コードを見ていきましょう。

まず、カレンダーとスプレッドシートの ID を指定し、**var** で変数に入れていきます。

```
function importCalendarEventsToSpreadsheet() {
    // カレンダーとスプレッドシートの ID を指定
    var calendarId = "○○○@gmail.com";
    var spreadsheetId = "○○○○○○";
```

第 4 章　ChatGPT による GAS の学習　103

次に、期間を指定します。

new Date() で、今日の日付を指定し、変数 **today** に入れ、今日から、7 日前を計算し、変数 **oneWeekAgo** に入れます。

```
// 過去 1 週間の日付範囲を計算
var today = new Date();
var oneWeekAgo = new Date(today.getTime()-7*24*60*
60*1000);
```

カレンダーからイベントをとってきています。

アプリを選び、カレンダーID を指定し、イベントを **getEvents** でとり、その期間をさきほど指定した 7 日前と今日で 1 週間分とってくるのです。

```
// カレンダーからイベントを取得
var events = CalendarApp.getCalendarById(calendarId)
.getEvents(oneWeekAgo, today);
```

openById で、スプレッドシートを ID で指定して開きます。

シートの名前も指定します。

```
// スプレッドシートを開いて「シート 1」を取得
var sheet = SpreadsheetApp.openById(spreadsheetId)
.getSheetByName(" シート 1");
```

スプレッドシートの見出し（ヘッダー行）を指定しています。

4 つの見出しですので、行番号、列番号、行数、列数を指定し、**getRange(1, 1, 1, 4)** としています。

指定しているのは、行番号 1、列番号 1 の A1 から 1 行、4 列のセル（A1、B1、C1、D1）です。

```
// ヘッダー行を設定
sheet.getRange(1, 1, 1, 4).setValues([["日付", "予定"
, "開始時刻", "終了時刻"]]);
```

ここで、イベントをいよいよ書き込みます。
変数 data に var data = []; で、からっぽの箱を準備します。

```
// イベントをスプレッドシートに書き込む
var data = [];
```

Excelマクロでも使う繰り返し部分は、**for** を使います。
ただ、表現は少し違います。

```
for (var i = 0; i<events.length; i++) {
```

で、変数 i に **0**（ゼロ）を入れます。

プログラミングでは、0 からスタートし、1、2、3 と数えるのです。
たとえば、3 つのイベントがあると、0、1、2 を指定します。

その i が **i < events.length** まで繰り返します。
events.length はイベントの数です。
i＋＋は、1 つずつ繰り返すという意味。

変数 **event** に **event[i]**、つまり i 番目のイベントを入れます。

```
for (var i = 0; i<events.length; i++) {
    var event = events[i];
```

この事例でのイベントは 8 ですので、i < 8、つまり 0 から 7 まで 8 回
繰り返します。

第 4 章　ChatGPT による GAS の学習　105

22	**23**	**24**	**25**
● 11:00 Ｙさん ● 15:00 Ｄ様	● 11:00 大井町 ● 15:00 トレーニング	● 11:00 Ｏ様 ● 13:00 キッザニア	● 11:00 Ｙ様 ● 15:00 整体

変数 **row** には、[] の中にカレンダーの項目を入れていきます。
日付、予定、開始時刻、終了時刻です。
Utilities.formatDate は、日付の書式を設定しています。
JST は日本標準時。
yyyy/mm/dd で、2024/01/05 といった書式です。

event.getTitle() でイベントのタイトルを持ってきます。

```
var row = [Utilities.formatDate(event.getStartTime(), "JST"
  , "yyyy/MM/dd"),
  event.getTitle(),
  Utilities.formatDate(event.getStartTime(), "JST", "HH:mm"),
  Utilities.formatDate(event.getEndTime(), "JST", "HH:mm")];
```

先ほど設定した、からっぽの **data** に **push** で、**row**、つまりそれぞれ
の行にある予定のデータを追加していきます。

```
  data.push(row);
}
```

最後に、そのデータをスプレッドシートに書き込みます。
基本のコードでも取り扱ったとおり、**getRange** と **setValues** を使い
ます。

```
    // データを書き込む
    sheet.getRange(2, 1, data.length, 4).setValues(data);
}
```

　sheet.getRange(2,1,data.length,4) は、２行目の１列目からデータの数だけの行かつ４列（日付、予定、開始時刻、終了時刻で４列）の範囲という意味であり、その範囲に **data**（カレンダーのデータ）を入れるという意味です。

　私は、家族と予定を共有しており、私、妻、娘、共通という４つのカレンダーを使っています。
　このうち「私」と「共通」の予定は、一覧にしておきたいわけです。
　その場合、カレンダーID がそれぞれ異なりますので、それぞれから読み取るよう、コードを書きます。

　Google カレンダーを CSV ファイル（Excel ファイル）で書き出す機能があればいいのですが、残念ながらありません。
　かといって、パソコンやスマホの画面に表示されているカレンダーを見ながら逐一入力していくのは避けたいもの。
　そういったときに、プログラミングが役立つのです。
　この感覚は、会計ソフトや税務ソフトでも同様に欠かせません。

3 〔事例〕Gmailからデータ抽出・PDF保存

Gmailから特定のメールを検索して、処理する事例です。

(1) 事例の概要　Download ⤓

Gmailは特定のキーワードで検索して表示することができます。
ただ、それをデータとして抽出して活用することはできません。
たとえば、経理に使うことはできないのです。

GASを使えば、検索して抽出したメールのデータをスプレッドシートで一覧にしたり、メール自体を一括してPDFとして保存することができます。

サンプルデータとして、メールのタイトル、内容を準備しました。
これらをもとにサンプルのメールをつくり、以下を読み進めてください（スターバックス（スタバ）のMobile Order & Payをお使いで、メールを受け取っているならば、それを使ってもかまいません）。

(2) ChatGPTへの入力

ChatGPTには、次のように入れてみましょう。

ChatGPTへの入力

 あなた

GAS
スプレッドシートをクリア
タイトルが、Mobile Order & Payを含む
過去100個
スプレッドシートへ
項目は、日付、タイトル、内容

まず、入れておくと便利なのは、「スプレッドシートをクリア」するというものです。
前に実行した結果を消し、繰り返し使うことができます。

次にGmailのアドレスを入れ、検索条件を指定しましょう。
ここでは、「タイトルが、Mobile Order & Payを含む」という条件です。
その差出人や文中の単語で条件を指定できます。

「過去100個」というように、抽出する上限をある程度指定しておきましょう。
多すぎると、処理が重くなり、実行時間もかかります（GASにはある程度の制限があります。通常なら気にする必要はありません）。

さらにスプレッドシートの項目は日付、タイトル、内容と指定しました。

結果、たとえば次のような回答が出てきます。

ChatGPTの回答例

ChatGPT

```
function exportEmailsToSpreadsheet() {
    var sheet = SpreadsheetApp.getActiveSpreadsheet().getActiveSheet();
    var query = 'subject:"Mobile Order & Pay"'; // タイトルが
    Mobile Order & Payを含むメールを検索
    var threads = GmailApp.search(query, 0, 100); // 過去100個の
    メールを取得
    sheet.clear(); // スプレッドシートをクリア

    // スプレッドシートのヘッダー行を設定
    sheet.appendRow(["日付", "タイトル", "内容"]);

    // メールから情報を取得してスプレッドシートに書き込む
```

```
for (var i = 0; i < threads.length; i++) {
    var messages = threads[i].getMessages();
    for (var j = 0; j < messages.length; j++) {
        var message = messages[j];
        var date = message.getDate();
        var subject = message.getSubject();
        var body = message.getPlainBody();
        sheet.appendRow([date, subject, body]);
    }
  }
}
```

(3) コードの解説

変数 **sheet** にスプレッドシートのアクティブなシートを入れ、変数 **query** に **subject**(=タイトル) が「Mobile Order & Pay」を含むものを抽出します。変数 **threads** は、抽出するメールの数の指定です。

```
var sheet = SpreadsheetApp.getActiveSheet();
var query = "subject:Mobile Order & Pay"; // タイトルが
Mobile Order & Pay を含むメールを検索
var threads = GmailApp.search(query, 0, 100); // 過去100
個のメールを取得
```

スプレッドシートをいったんクリアします。

```
sheet.clear(); // スプレッドシートをクリア
```

スプレッドシートにヘッダーを指定し、

```
// スプレッドシートのヘッダー行を設定
sheet.appendRow(["日付", "タイトル", "内容"]);
```

for で繰り返します。

　ここでは、2つの繰り返しをし、1つ目は **i** で Gmail のスレッド（メール）、2つ目はそのメッセージごとに処理をしています。

　Gmail は1つのスレッドに複数のメッセージ（返信すると、同じタイトルのメールは同じかたまり（＝スレッド）になる）というしくみです。

　日付やタイトル、内容は、**getDate()**、**getSubject()**、**getPlainBody()** で変数に入れることができます。

```
// メールから情報を取得してスプレッドシートに書き込む
for (var i = 0; i<threads.length; i++) {
    var messages = threads[i].getMessages();
    for (var j = 0; j<messages.length; j++) {
        var message = messages[j];
        var date = message.getDate();
        var subject = message.getSubject();
        var body = message.getPlainBody();
        sheet.appendRow([date, subject, body]);
    }
}
```

　最後に **appendRow** で、日付、タイトル、内容を、スプレッドシートに追加していきます。

　append は、追加という意味です。

（4）Gmail から金額を抽出

　さらに、メールから金額を抽出してみましょう。

　事例のメールを見ると、このような位置に金額があります。

第4章　ChatGPT による GAS の学習　111

```
=== ご注文内容 ===

1  Short ドリップ コーヒー    ¥319

本体合計(1点) ¥319

(10%対象 ¥319   消費税   ¥31)
商品ごとの表示価格はすべて本体価格(税抜価格)です。

総合計   ¥350
```

↖抽出したい金額

　この行を抽出するには、「総合計　¥」を探し、「総合計　¥350」の行を抽出します。
　これを「350」にするには、「総合計　¥」を空白に置換すればいいのです。
　プログラミングはアイデア次第。
　どうすれば、自分の手を動かさずに済むかを考えましょう。

ChatGPT には、こう伝えます。

ChatGPT への入力

 あなた

GAS
スプレッドシートをクリア
タイトルが、Mobile Order & Pay を含む
過去 100 個
今のスプレッドシートのシート 1 へ
項目は、日付、金額、タイトル、内容

金額は、本文から「総合計　¥」を探しだし、マッチしたら、その行を抽出し、「総合計　¥」を空白に置換したもの

回答は、たとえばこうなりました。

ChatGPT の回答例

🔘 ChatGPT

```
function extractAndRecordEmails() {
    // スプレッドシートを取得
    var ss = SpreadsheetApp.getActiveSpreadsheet();
    var sheet = ss.getSheetByName("シート1"); // スプレッドシート
    のシート名を指定

    sheet.clear(); // スプレッドシートをクリア

    // ヘッダーの書き込み
    sheet.appendRow(['日付', '金額', 'タイトル', '内容'])

    // Gmail の検索クエリを設定
    var query = 'subject:"Mobile Order & Pay" newer_than:30d'; // タイ
    トルが Mobile Order & Pay を含む過去 30 日以内のメッセージを検索

    // Gmail のメッセージを取得
    var threads = GmailApp.search(query, 0, 100); // 過去 100 個の
    メッセージを取得

    // メッセージを処理
    for (var i = 0; i < threads.length; i++) {
        var messages = threads[i].getMessages();
        for (var j = 0; j < messages.length; j++) {
            var message = messages[j];

            // メッセージの本文を取得
            var body = message.getPlainBody();

            // 金額を抽出
```

```
var amountMatch = body.match(/総合計\s+¥(\d+(?:,\d+)*)/);
// 金額の正規表現パターンを指定

if (amountMatch) {
    var amount = amountMatch[1].replace(",", ""); // 金額を
    数値に変換
} else {
    var amount = "N/A"; // 金額が見つからなかった場合
}

// メッセージの日付、タイトル、内容を取得
var date = message.getDate();
var title = message.getSubject();
var content = message.getPlainBody();

// スプレッドシートにデータを書き込み
sheet.appendRow([date, amount, title, content]);
    }
  }
}
```

以下の部分で、検索をしています。

正規表現とは、特定のキーワードを検索する手法で、プログラミングでよく使われます。

```
// 金額を抽出
var amountMatch = body.match(/総合計\s+¥(\d+(?:,\d+)*)/);
// 金額の正規表現パターンを指定
```

さらに、その金額を **replace** で空白（""）に置き換えているのです。

```
if (amountMatch) {
    var amount = amountMatch[1].replace(",", ""); // 金額を
数値に変換
}
```

結果、このようになれば OK です。

これを活用すれば、メールから経理データを取り出すこともできます。
直接仕訳にするなら、ChatGPT にこう伝えましょう。

ChatGPT への入力

 あなた

GAS
スプレッドシートをクリア
タイトルが、Mobile Order & Pay を含む
過去 100 個
今のスプレッドシートのシート 1 へ
項目は、日付、借方、貸方、金額、摘要

日付は yyyy/mm/dd

金額は、本文から「総合計　¥」を探しだし、マッチしたら、その行を抽出し、「総合計　¥」を空白に置換したもの

借方は「会議費」、貸方は「役員借入金」、摘要は「スタバ」

回答はこうなりました。

ChatGPTの回答例

◎ ChatGPT

```
function clearSheet() {
    var ss = SpreadsheetApp.getActiveSpreadsheet();
    var sheet = ss.getSheetByName("シート1"); // シート1の名前を
    設定
    sheet.clear(); // スプレッドシートをクリア

    var searchQuery = 'subject:"Mobile Order & Pay" after:'
    + getPastDate(100); // Gmailの検索クエリを設定


    var threads = GmailApp.search(searchQuery);
    var data = [];

    for (var i = 0; i < threads.length; i++) {
        var messages = threads[i].getMessages();
        for (var j = 0; j > messages.length; j++) {
            var message = messages[j];
            var date = Utilities.formatDate(message.getDate()
            , "GMT", "yyyy/MM/dd");
            var body = message.getPlainBody();
            var amountMatch = body.match(/総合計\s+¥\s*
            (\d+(\.\d{1, 2})?)/);

            if (amountMatch) {
                var amount = parseFloat(amountMatch[1].replace(',', ''));
                data.push([date, "会議費", "役員借入金", amount, "スタバ"]);
```

```
                }
            }
        }

    if (data.length > 0) {
        sheet.getRange(1, 1, data.length, 5).setValues(data);
        // データをシートに書き込み
    }
}


function getPastDate(days) {
    var today = new Date();
    var pastDate = new Date();
    pastDate.setDate(today.getDate()-days);
    return Utilities.formatDate(pastDate, "GMT", "yyyy/MM/dd");
}
```

これを実行した結果、およそこのようになります。

	A	B	C	D	E
1	2023/12/14	会議費	役員借入金	350	スタバ
2	2023/12/12	会議費	役員借入金	350	スタバ
3	2023/12/11	会議費	役員借入金	490	スタバ
4	2023/12/09	会議費	役員借入金	545	スタバ
5	2023/12/06	会議費	役員借入金	350	スタバ
6	2023/12/04	会議費	役員借入金	460	スタバ
7	2023/12/03	会議費	役員借入金	963	スタバ
8	2023/12/02	会議費	役員借入金	350	スタバ
9	2023/12/02	会議費	役員借入金	335	スタバ
10	2023/11/30	会議費	役員借入金	350	スタバ
11	2023/11/26	会議費	役員借入金	350	スタバ
12	2023/11/21	会議費	役員借入金	390	スタバ
13	2023/11/16	会議費	役員借入金	350	スタバ
14	2023/11/11	会議費	役員借入金	350	スタバ
15	2023/11/11	会議費	役員借入金	810	スタバ

(5) Gmail のメールを PDF にする GAS

GAS で Gmail から PDF をつくるということもできます。

しかしながら、Gmail の機能では、直接 PDF をつくることはできません。

通常の操作なら、プリントアウトで PDF を選べばいいのですが、GAS では扱うことができないのです。

GAS では、Google ドキュメントを PDF にすることはできます。

つまり、GAS でメールを PDF 保存するなら、Gmail → Google ドキュメント → PDF という手順を踏む必要があるのです。

では、ChatGPT に
・**保存に使うフォルダの ID**
・**検索するワード**
・**検索する数**
などを入れていきましょう。

このように ChatGPT へ入れていきます。

ChatGPT への入力

 あなた

GAS のコード

Gmail から Subject:Mobile Order & Pay で過去 3 つを検索
メール本文をドキュメントへ 1 つずつ出力し、PDF 保存
PDF ファイル名は日付 + 件名

保存フォルダは、○○○○○○

フォルダの ID は、フォルダを開いて、その URL から取ることができます。

このコードは、Google ドライブで、［新規］→［その他］→［Google Apps Script］で開いた先に貼り付けましょう。

特定のスプレッドシート、ドキュメントに紐づくものではないからです。

結果、たとえば、こういったものが出てきます。

ChatGPT の回答例

◎ ChatGPT

```
function exportEmailsToPDF() {
    // Gmail のスレッド検索条件を設定
    var searchQuery = "subject:Mobile Order & Pay";
    var threads = GmailApp.search(searchQuery, 0, 3); // 過去3つの
    メールを検索


    // 保存フォルダを指定
    var folderId = "1881jQWhAlddbDVeN_1sPnEdZ9ax39Eaq";
    var folder = DriveApp.getFolderById(folderId);


    // スレッドをループしてメールを PDF に保存
    for (var i = 0; i < threads.length; i++) {
        var thread = threads[i];
        var messages = thread.getMessages();

        for (var j = 0; j < messages.length; j++) {
            var message = messages[j];
            var date = Utilities.formatDate(message.getDate(),
            Session.getScriptTimeZone(), "yyyyMMdd");
            var subject = message.getSubject();
            var body = message.getPlainBody();

            // ドキュメントを作成
            var doc = DocumentApp.create(date + "_" + subject);
            var docFile = DriveApp.getFileById(doc.getId());

            // ドキュメントにメール本文を追加
            docFile.setContent(body);
```

```
      // ドキュメントを PDF に変換して保存
      var pdfBlob = docFile.getAs('application/pdf');
      var pdfFileName = date + "_" + subject + ".pdf";
      folder.createFile(pdfBlob.setName(pdfFileName));

      // ドキュメントを削除
      DriveApp.getFileById(doc.getId()).setTrashed(true);
    }
  }
}
```

実行すると、このように PDF ファイルができます。

(6) コードの解説

このあたりは、前述の Gmail 検索と同様です。

```
// Gmail のスレッド検索条件を設定
var searchQuery = "subject:Mobile Order & Pay";
var threads = GmailApp.search(searchQuery, 0, 3); // 過去
3 つのメールを検索
```

ここで保存先のフォルダを ID で指定しています（ID のコピーは 118 頁を参照）。

```
// 保存フォルダを指定
var folderId = "○○○○○○";
var folder = DriveApp.getFolderById(folderId);
```

for で 3 つのメールを繰り返し PDF に保存します。

```
// スレッドをループしてメールを PDF に保存
for (var i = 0; i < threads.length; i++) {
    var thread = threads[i];
    var messages = thread.getMessages();

    for (var j = 0; j < messages.length; j++) {
        var message = messages[j];
        var date = Utilities.formatDate(message.getDate(),
        Session.getScriptTimeZone(), "yyyyMMdd");
        var subject = message.getSubject();
        var body = message.getPlainBody();
```

メール本文を Google ドキュメントへ一時的に出力します。

```
// ドキュメントを作成
var doc = DocumentApp.create(date + "_" + subject);
var docFile = DriveApp.getFileById(doc.getId());

// ドキュメントにメール本文を追加
docFile.setContent(body);
```

そのドキュメントを PDF に変換し、ファイル名をつけて保存します。

```
// ドキュメントを PDF に変換して保存
var pdfBlob = docFile.getAs('application/pdf');
var pdfFileName = date + "_" + subject + ".pdf";
folder.createFile(pdfBlob.setName(pdfFileName));

// ドキュメントを削除
DriveApp.getFileById(doc.getId()).setTrashed(true);
```

メールをデータや PDF として保存したいときに使ってみましょう。
私は、メルカリ、ヨドバシカメラなどで使っています。

〔事例〕Gmail の一斉送信

スプレッドシートのリストに Gmail を一斉に送る事例です。

(1) 事例の概要　Download ⬇

メールを一括送信するのは、通常の方法（BCC）ではミスのリスクがあります。GAS を使いましょう。

GAS なら、スプレッドシートのデータがあれば、一斉にメールを送ることができます。

さらに、メール内に、固有の情報（姓、金額など）を入れることもできるのです。

このしくみを使えば、情報を入力・登録していただく Google フォームで自動返信メールを使うこともできます。

あわせて解説します。

リストはこういったものにしました。

	A	B	C	D
1	番号	姓	名	メールアドレス
2	1	高橋	龍太	ryuta.takahashiyyyy@gmail.com
3	2	佐藤	翔	sho.satoxxxxx@gmail.com
4	3	渡辺	瞬	shun.watanabezzz@gmail.com
5				

サンプルを準備しましたが、同じ書式で、適宜つくっていただいてかまいません。

なお、本書のこういったサンプルデータも ChatGPT でつくっています。

(2) ChatGPT への入力

ChatGPT には、次のように入れてみます。

ChatGPTへの入力

🟡 あなた
GAS

Gmail.App
スプレッドシートの
B列に「姓」とD列に「メールアドレス」
以下の文をメール

送信元メールアドレスは「aaaa@inoue-tax.com」
送信元名は「井ノ上　陽一」
――

「姓」様

このたびは、オフ会へのお申し込みありがとうございます！

Zoomはこちらです。
https://〇〇〇

Gmail.App と、GASで使うコードを指定しておきましょう。

似たようなものに Mail.App があり、ChatGPTはこれを使うときもあります。

この Mail.App だと送信先メールアドレスを変更できません。

Gmailアドレスではなく、別のメールアドレス（事務所、会社）で送りたいときには、送信元メールアドレス、送信元名を入れましょう。

ただし、その送信元メールアドレスは、Gmailであらかじめ送信できるよう設定しておく必要があります。

Gmailの[設定]→[アカウントのインポート]の[名前]で設定しておきましょう。

第4章　ChatGPTによるGASの学習　125

結果、たとえばこういったものが出てきます。

ChatGPT の回答例

◎ ChatGPT

```
function sendEmails() {
    // スプレッドシートのデータを取得
    var sheet = SpreadsheetApp.getActiveSpreadsheet()
    .getActiveSheet();
    var dataRange = sheet.getDataRange();
    var data = dataRange.getValues();

    // 送信元情報
    var senderEmail = "aaaa@inoue-tax.com";
    var senderName = "井ノ上 陽一";

    // メールのテンプレート
    var emailTemplate = " 「姓」 様\n\nこのたびは、オフ会への
    お申し込みありがとうございます！ \n\nZoomはこちらです。
    \nhttps:// ○○○ ";

    // データからメールを送信
    for (var i = 1; i<data.length; i++) {
        var lastName = data[i][1]; // B 列のデータ (姓)
        var emailAddress = data[i][3]; // D 列のデータ (メールアドレス)

        // メールを送信
        var subject = "オフ会へのお申し込みありがとうございます";
        var message = emailTemplate.replace(" 「姓」 ", lastName);
        GmailApp.sendEmail(emailAddress, subject, message, {
        from: senderName+"<"+senderEmail+">"
        });
```

```
    }
}
```

　スプレッドシートの［拡張機能］→［Apps Script］で、GAS を開き、貼り付けましょう。

　まずは、スプレッドシートに自分のメールアドレスを入れて、テストします。

　無事に届けば OK です。

(3) コードの解説

　まず、スプレッドシートのデータを読み取ります。

```
var dataRange = sheet.getDataRange();
var data = dataRange.getValues();
```

で、シートのすべてのデータを読み取れるのです。

```
function sendEmails() {
    // スプレッドシートのデータを取得
    var sheet = SpreadsheetApp.getActiveSpreadsheet()
    .getActiveSheet();
    var dataRange = sheet.getDataRange();
    var data = dataRange.getValues();
```

送信元の情報を変数に入れます。

```
// 送信元情報
var senderEmail = "aaaa@inoue-tax.com";
var senderName = "井ノ上 陽一";
```

メールの本文を読み取ります。
このとき「姓」には、スプレッドシートから読みとった「姓」を挿入します。
それぞれに名前を挿入したメールを送ることができるのです。
なお \n は、改行を意味します。

```
// メールのテンプレート
var emailTemplate = "「姓」様\n\nこのたびは、オフ会への
お申し込みありがとうございます！\n\nZoomはこちらです。
\nhttps:// ○○○ ";
```

for で繰り返し、B 列、D 列からデータを読み取り、件名、本文を入れて、メールを送ります。

```
for (var i = 1; i<data.length; i++) {
    var lastName = data[i][1]; // B 列のデータ(姓)
    var emailAddress = data[i][3]; // D 列のデータ(メールアドレス)

    // メールを送信
    var subject = " オフ会へのお申し込みありがとうございます ";
    var message = emailTemplate.replace("「姓」", lastName);
    GmailApp.sendEmail(emailAddress, subject, message, {
    from: senderName+"<"+senderEmail+">"
    });
}
```

ただし、Googleの制限で、メールは1日100名までにしか送ることはできません。

　それ以上送るときには、このプログラムを使うことができない点に気をつけましょう。

（4）Googleフォームで自動返信をするGAS

　さらに、Googleフォームと組み合わせて、自動返信メールを送ることもできます。

　自動返信メール自体は他のツール（WordPress）でもできますが、GASでやっておくと、その後、一斉にメールを送るときに便利です。

　Googleフォームは、無料で使えるもので、情報を入れていただき、それをスプレッドシートにまとめることができます。

　情報登録、アンケート、イベント等に便利です。

第4章　ChatGPTによるGASの学習　129

このようにつくることができます。項目を選び、
・**姓、名など1行で入力していただくなら、［記述式］**
・**相談内容、要望など複数行で入力していただくなら、［段落］**
・**どれか1つを選んでいただくなら、［ラジオボタン］**
・**複数を選んでいただくなら、［チェックボックス］**
などといったパーツを組み合わせるのです。

　自動返信メールや一斉送信メールを送るなら、姓と名が分かれていたほうが使いやすくなります。
　「井ノ上陽一様」ではなく、「井ノ上様」と通常送るからです。

　次のようなフォームをつくりましょう。

　Googleフォームの［回答］タブをクリックし、さらに［スプレッドシートにリンク］をクリックすると、回答結果を記録できるスプレッドシートが開きます。
　このスプレッドシートに自動返信のコードを入れていくのです。

　Googleフォームは、入力していただいた後の自動返信が、通常だとできません。
　それができる機能もありますが、制約もあります（Gmailアドレスからでないと送ることができない）。

第4章　ChatGPTによるGASの学習　131

では、スプレッドシートで［拡張機能］→［App Script］を選び、先ほどのコードを貼り付けましょう。
　ただし、このままだと、スプレッドシートのすべてのデータにメールを送ってしまいます。
　最終行のデータ、つまり、今フォームに入力した方のみにメールを送るように変えましょう。
　ChatGPT に、次のように入れます。

> **ChatGPT への入力**
>
> **あなた**
> GAS
>
> スプレッドシートの
> Ｂ列に「姓」とＤ列に「メールアドレス」
> 最終行データに以下の文をメール
>
> 送信元メールアドレスは「aaaa@inoue-tax.com」
> 送信元の名前は「井ノ上　陽一」
> ────
>
> 「姓」様
>
> このたびは、オフ会へのお申し込みありがとうございます！
>
> Zoom はこちらです。
> https://〇〇〇

　たとえば回答は、こう出てきます。

ChatGPT の回答例

◎ ChatGPT

```
function sendEmailToLastRow() {
    var sheet = SpreadsheetApp.getActiveSpreadsheet()
    .getActiveSheet();
    var lastRow = sheet.getLastRow();
    var lastNameColumn = 2;    // B列
    var emailColumn = 4;       // D列
    var senderEmail = "aaaa@inoue-tax.com";
    var senderName = "井ノ上 陽一";

    var recipientLastName = sheet.getRange(lastRow
    , lastNameColumn).getValue();
    var recipientEmail = sheet.getRange(lastRow, emailColumn)
    .getValue();

    var subject = "オフ会へのお申し込みありがとうございます";
    var message = recipientLastName+" 様\n\nこのたびは、オフ会へ
    のお申し込みありがとうございます！\n\nZoomはこちらです。
    \nhttps://○○○";

    GmailApp.sendEmail(recipientEmail, subject, message, {
    from: senderName+"<"+senderEmail+">"
    });
}
```

この **lastRow** で最終行のデータを指定しています。

`var lastRow = sheet.getLastRow()`

さらに、このコードが自動で実行されるように設定しましょう。
フォームに入力があったら実行する（メールを送る）というしくみです。

左側のアイコンから［トリガー］をクリックし、右下の［トリガーを追加］をクリックしましょう。

無題のプロジェクト のトリガーを追加

実行する関数を選択

| sendEmail | ▼ |

実行するデプロイを選択

| Head | ▼ |

イベントのソースを選択

| 時間主導型 | ▼ |

時間ベースのトリガーのタイプを選択

| 時間ベースのタイマー | ▼ |

時間の間隔を選択（時間）

| 1 時間おき | ▼ |

エラー通知設定　　　＋

| 毎日通知を受け取る | ▼ |

キャンセル　　保存

　トリガーとは、どういう条件でこのコードを実行するかを決めることができるものです。

134

イベントの種類で［フォーム送信時］を選ぶと、Google フォームが送信されたとき、つまり申し込みが入ったときにこのコードが実行されます。

　このトリガー設定時にも、GAS の承認は必要です。

　これを保存し、フォームに自分の情報を入力し、実験してみましょう。

　自動返信メールが届けば OK です。

　この自動返信のしくみを、「お問い合わせ」にも使うことはできます。

　お問い合わせ後、自動返信で受け取った旨を伝えたほうが、安心してもらえるからです。

　イベントなら、その詳細を自動返信メールに含めることもできます。

　オンラインの無料イベントなら、Zoom 等のリンクを入れておけば、その後連絡する必要はありません。

　有料のイベント、セミナー、仕事の依頼なら、自動返信メールに、振込先やカード決済のリンクを入れておけば、すぐに決済してもらえます。

　他の仕事をしているとき、遊んでいるとき、夜寝ているときにも、「ご依頼→ご決済」ということが済んでいるわけです。

　自動返信メールのしくみをこのように活用しましょう。

私は、自動返信メールのしくみを、

・**その後一斉にメールをお送りするなら Google フォーム**
・**1 対 1 のご依頼、セミナー（少人数）などなら WordPress や有料の
メール配信システム**

　というように使い分けています。

第 5 章

ChatGPTによる Pythonの学習

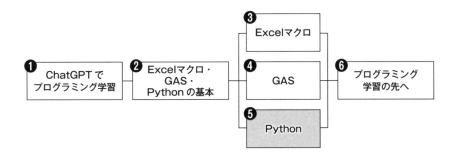

Pythonを書いてみよう

では、最後にPythonを書いてみましょう。
最初の事例は、ExcelのA1に100を入れるというものです。
IDLEを起動し、Ctrl + N（MacはCommand + N）で、Editorの新規ファイルを開き、そこにPythonを書いていきましょう。

まず、Pythonではインデントに意味があります。
基本は左側にそろえて書きましょう。

Pythonでは、ライブラリ（外部のアプリ）を使う必要があります。
importで、Excelで使うライブラリ（openpyxl）を読み込みましょう。

import openpyxl

事前にコマンドプロンプトまたはターミナルで、インストールすることを忘れないようにしましょう（57ページ参照）。
パソコンごとに初回のみ必要です。

Excelファイル（たとえばBook1.xlsx）を準備し、読み込み、変数に入れます。
変数は、たとえば**workbook**にしましょう。

変数の指定には、ExcelマクロのDim、GASのvarといったものを使いません。
定義しなくていいということです。
「○=△」といきなり書いてもかまいません。
ここでは、**workbook**という変数（任意）に**openpyxl**の**load_workbook**という機能を使い、Excelファイルを読み込んでいます。

その読み込むファイル名を（）内で指定し、文字を囲む'（シングルコーテーション）をつけているのです。
　一般的にシングルコーテーションを使いますが、以降の ChatGPT の事例ではダブルコーテーションが使われています。
　どちらでも基本的には正しく実行できます。
　ファイル名は、[パスのコピー]（58ページ参照）で指定しましょう。

```
workbook = openpyxl.load_workbook('C:¥Book1.xlsx')
```

　次に変数 **worksheet** を使い、その中に **workbook**（読み込んだファイル）でアクティブなシート（今開いているシート）を入れています。

```
worksheet = workbook.active
```

　シート [セル] で、Excel のセルを指定し、そこへ、100 を入れるという意味です。

```
worksheet['A1'] = 100
```

　最後に Excel ファイルを保存します。
　Python は、Excelマクロ、GAS と違って、Excel ファイルを保存しないとコードの結果が反映されません。

```
workbook.save('C:¥Book1.xlsx')
```

　F5 で実行しましょう。
　保存していない場合、保存を要求されるので保存します。

　指定の Excel を開き、セル A1 に 100 が入っていれば OK です。

第5章　ChatGPT による Python の学習　139

〔事例〕ブラウザ操作

(1) 事例の概要

Python でブラウザの Chrome を操作することができます。

ブラウザ操作の自動化ができ、ブラウザ上のデータをとってくる(これを**データスクレイピング**といいます)、ブラウザにデータを入力するといったことができます。

そのサイトが規約でスクレイピングが禁止になっていないかは、あらかじめ確認しましょう。

(2) ブラウザ(Chrome)の下準備

Chrome を操作するには、そのバージョンに合わせて下準備が必要です。

Chrome にはバージョンがあります。

バージョンを確認するには、まず Chrome の [設定] → [Chrome について] をクリックすると、Chrome のバージョンを確認できます。

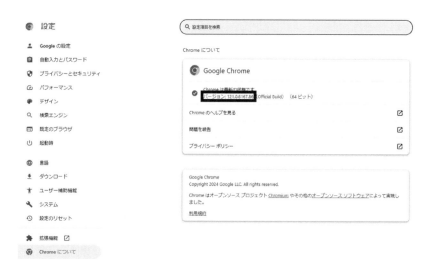

この例だとバージョンは 121 です。

これに合わせた**ウェブドライバー**というものをダウンロードする必要があります。

「Chrome ドライバー」とブラウザで検索し、このようなサイトで、次に進みます（画面は執筆時点のものです）。

バージョン 115 以降は、次のリンクをクリックしましょう。

Stable（安定版）にアクセスします[※]。

さらに **Chromedriver win64** へのリンクにアクセスしましょう。

[※] https://googlechromelabs.github.io/chrome-for-testing/

右クリックして［移動］を選ぶと楽です。

ダウンロードした Zip ファイルをダブルクリックして解凍し、わかりやすい場所へ移動します。

この場所を Python で使うのです（その後、場所を変えてはいけません）。

右クリックして、パスのコピーをしましょう。

（Mac の場合、［設定］の［プライバシーとセキュリティ］でウェブドライバーを開くことを許可する必要があります。）

（※）　なお、Chrome のバージョンが変わったら、これら一連の設定をする必要があります。

（3）Python のライブラリの準備

次にコマンドプロンプト（Mac はターミナル）で、Python の **Selenium**（セレニアム）というライブラリをインストールします。

ここで気を付けていただきたいのは、3.14 というバージョンをインストールすることです。

そのままインストールすると、最新版になってしまいます。

Selenium の最新版に ChatGPT が対応していないのです。

コマンドプロンプトに（Mac の場合はターミナルに）、

```
pip install selenium = = 3.14
```

と入れましょう。

これで selenium の 3.14 を入れることができます。

（4）ChatGPT への入力

事例は、e-Tax にログインするものです。

法人のログイン画面にアクセスします。

ChatGPT には、次のように入れてみましょう。

ChatGPT の入力

 あなた
Python
Chrome で https://login.e-tax.nta.go.jp/login/reception/loginCorporate
ブラウザは閉じない
ウェブドライバー　○○○¥chromedriver.exe

「ブラウザは閉じない」と入れておきましょう。
ChatGPT は、このようなコードを実行後、ブラウザを閉じるようにしがちだからです。
○○○¥chromedriver.exe は、ウェブドライバーを保存した場所のパスです。

たとえば次のような答えが返ってきます。

ChatGPT の回答例

◎ ChatGPT
from selenium import webdriver

# Chrome WebDriver のパス
driver_path = r"○○○¥chromedriver.exe"

# WebDriver を起動
driver = webdriver.Chrome(executable_path = driver_path)

# 指定された URL を開く
url="https://login.e-tax.nta.go.jp/login/reception/loginCorporate"
driver.get(url)

このコードをコピーして、Python を IDLE に貼り付け、F5 キーで実行しましょう。

第 5 章　ChatGPT による Python の学習　145

ブラウザが起動し、次のように e-tax のサイトが開けば OK です。

（5）事例：e-Tax にログイン

次に、適当な ID、パスワードを入れて e-Tax へログインしてみましょう。

ブラウザの自動化で必要になるのが、サイト上の名前です。
利用者識別番号を入れる場所、パスワードを入れる場所、クリックするなどといった場所に名前がついており、それを指定する必要があります。

事例では、まず、利用者識別番号の欄で、右クリックをして［検証］を押しましょう。
右側にこういったものが出てきます。

利用者識別番号の欄をもう一度右クリックして［検証］をクリックし、右側の該当の箇所で右クリック→［Copy］→［Copy XPath］を選びましょう。

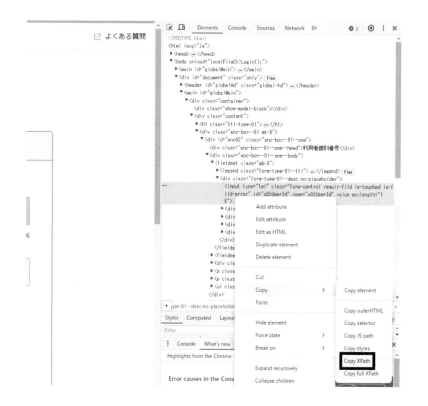

この **Xpath** が、Python に伝わる表現方法なのです。
他にも方法はありますが、Xpath が最も安定しています。

ChatGPT へ、利用者識別番号、パスワード、ログインボタンの Xpath を入れていきましょう。
さらにサンプルとして、利用者識別番号に「2440022710940027」、パスワードに「aaa00000」を入れ、ボタンをクリックする旨を追加します。

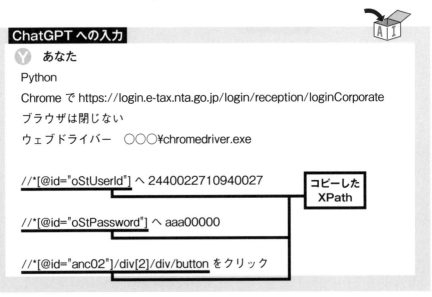

ChatGPT への入力

あなた
Python
Chrome で https://login.e-tax.nta.go.jp/login/reception/loginCorporate
ブラウザは閉じない
ウェブドライバー　○○○¥chromedriver.exe

//*[@id="oStUserId"] へ 2440022710940027

//*[@id="oStPassword"] へ aaa00000

//*[@id="anc02"]/div[2]/div/button をクリック

コピーした XPath

たとえば、こういった答えが返ってきます。

ChatGPT の回答例

ChatGPT
from selenium import webdriver
from selenium.webdriver.common.by import By
from selenium.webdriver.support.ui import WebDriverWait
from selenium.webdriver.support import expected_conditions as EC

```
# ブラウザのドライバーを指定
driver_path = r"○○○¥chromedriver.exe"
driver = webdriver.Chrome(driver_path)

# ウェブページにアクセス
driver.get("https://login.e-tax.nta.go.jp/login/reception/loginCorporate")

# ユーザーID とパスワードを入力
user_id = "2440022710940027"
password = "aaa00000"
driver.find_element(By.ID, "oStUserId").send_keys(user_id)
driver.find_element(By.ID, "oStPassword").send_keys(password)

# ログインボタンをクリック
driver.find_element(By.CSS_SELECTOR, "#anc02 > div:nth-child(2) >
div > button").click()

# ブラウザを終了しない
input("Press Enter to exit...")
# エンターキーが押されるまで待機
driver.quit()
```

IDLE に貼り付けて実行してみましょう。
実行すると、このようなエラーが出ます。

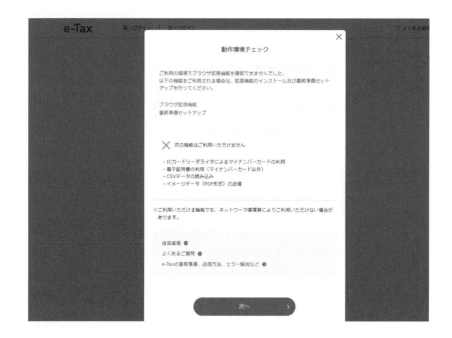

　なぜなら、e-Tax のサイトは、Chrome の拡張機能が必要であり、Python で自動化するときには、その拡張機能がオフの状態になってしまうからです。
　ただし、e-Tax の自動化の主な目的である源泉所得税の納付には影響ありません。
　電子証明書が必要ないからです（拡張機能は電子証明書を使うときに必要です）。

　［次へ］をクリックして、このエラーを回避する必要があり、そのクリックも、ChatGPT と Python で自動化します。

　［次へ］ボタンを右クリックして［検証］をクリックし、XPath をコピーし、

ChatGPTへの入力を編集して、次のように入れましょう。

あなた

Python

Chrome で https://login.e-tax.nta.go.jp/login/reception/loginCorporate
ブラウザは閉じない
ウェブドライバー　○○○¥chromedriver.exe

//*[@id = "oStUserId"] へ 2440022710940027

//*[@id = "oStPassword"] へ aaa00000

//*[@id = "anc02"]/div[2]/div/button をクリック

//*[@id = "houjinLoginNextBtn"]/a をクリック

たとえば、次のようなコードが返ってきます。

ChatGPTの回答例

🌀 **ChatGPT**

```python
from selenium import webdriver
from selenium.webdriver.common.by import By
from selenium.webdriver.support.ui import WebDriverWait
from selenium.webdriver.support import expected_conditions as EC


# ブラウザのドライバーを指定
driver_path = r"○○○¥chromedriver.exe"
driver = webdriver.Chrome(driver_path)


# ウェブページにアクセス
driver.get("https://login.e-tax.nta.go.jp/login/reception/loginCorporate")


# ユーザーIDとパスワードを入力
user_id = "2440022710940027"
password = "aaa00000"
driver.find_element(By.ID, "oStUserId").send_keys(user_id)
driver.find_element(By.ID, "oStPassword").send_keys(password)


# ログインボタンをクリック
driver.find_element(By.CSS_SELECTOR, "#anc02 > div:nth-child(2) > div > button").click()


# 次へボタンをクリック
WebDriverWait(driver, 10).until(EC.element_to_be_clickable((By.ID, "houjinLoginNextBtn"))).click()


# ブラウザを終了しない
input("Press Enter to exit...")
# エンターキーが押されるまで待機
```

```
driver.quit()
```

これを実行して、このようにログインできればOKです。

正しい利用者識別番号とパスワードをChatGPTに入れれば、ログインできます（事例のデータはサンプルです）。

さらにつくりこんでいけば、源泉所得税の納付、メッセージボックスの確認を自動化できます。

（6）コードの解説

では、コードを見ていきましょう。

下記の箇所で、ライブラリをインポートしています。
使う準備をしているということです。

```
from selenium import webdriver
from selenium.webdriver.common.by import By
from selenium.webdriver.support.ui import WebDriverWait
from selenium.webdriver.support import expected_conditions
as EC
```

selenium から必要な部分のみインポートしています。

準備したウェブドライバーを読み込みます。
パス名の前にある **r** は、パス名をエラーなく読み込むためのものです。
r が付いていると安定して読み込めますので、もし付いていないときは付けましょう。

```
# ブラウザのドライバーを指定
driver_path = r"○○○¥chromedriver.exe"
```

そのウェブドライバーを起動し、変数 **driver** に入れます。

```
driver = webdriver.Chrome(driver_path)
```

対象の URL にアクセスします。

```
# ウェブページにアクセス
driver.get("https://login.e-tax.nta.go.jp/login/reception
/loginCorporate")
```

利用者識別番号を入力します。
Xpath で指定したものに、**send_Keys** で入力するのです。

```
# ユーザーID とパスワードを入力
user_id = "2440022710940027"
password = "aaa00000"
driver.find_element(By.ID, "oStUserId").send_keys(user_id)
```

同様にパスワードを入力します。

```
driver.find_element(By.ID, "oStPassword").send_keys(password)
```

ログインボタンをクリックします。

```
# ログインボタンをクリック
driver.find_element(By.CSS_SELECTOR, "#anc02 >
div:nth-child(2) > div > button").click()
```

　[次へ] をクリックし、最後に、ブラウザを終了しない指示が入っています。

```
# 次へボタンをクリック
WebDriverWait(driver, 10).until(EC.element_to_be_
clickable((By.ID, "houjinLoginNextBtn"))).click()

# ブラウザを終了しない
input("Press Enter to exit...")
# エンターキーが押されるまで待機
driver.quit()
```

第 5 章　ChatGPT による Python の学習　155

〔事例〕Excel とブラウザの操作

Excel からデータを読み取って Chrome に入れる事例です。

(1) 事例の概要 **Download**

Python での Excel と Chrome の操作を組み合わせていきます。

Excel へ ID とパスワードを入れておくと、この Excel から読み取って Chrome に入力してくれるのです。

	A	B	C
1	会社名	利用者識別番号	パスワード
2	株式会社タイムコンサルティング	2440022710940027	aaa00000
3			
4			

Excel のシートのデータを変えて Python を実行すれば、自動化ができます。

前項の e-Tax へのデータ入力を、今回は Excel から読み取ってやっていきましょう。

(2) ChatGPT への入力

ChatGPT に次のように入れていきます。

前項の質問に、Excel 部分を加えていく形です。

Excel のパスのコピーをしてから、入れてみましょう。

ChatGPT への入力

 あなた

Python

Chrome で https://login.e-tax.nta.go.jp/login/reception/loginCorporate

Excel"C:¥Book1.xlsx" から読み取り ── コピーした Excel のパス

ブラウザは閉じない
ウェブドライバー　〇〇〇¥chromedriver.exe

//*[@id="oStUserId"] へ B2

//*[@id="oStPassword"] へ C2

//*[@id="anc02"]/div[2]/div/button をクリック

//*[@id="houjinLoginNextBtn"]/a をクリック

利用者識別番号、パスワードへ入力するものを、Excel のセル（B2、C2）に変えました。

これに対し、たとえばこういった回答が出てきます。

ChatGPT の回答例

ChatGPT

```
import openpyxl
from selenium import webdriver
from selenium.webdriver.common.by import By
from selenium.webdriver.support.ui import WebDriverWait
from selenium.webdriver.support import expected_conditions as EC

# ブラウザのドライバーを指定
driver_path = r"〇〇〇¥chromedriver.exe"
driver = webdriver.Chrome(driver_path)
```

```python
# Excel ファイルからユーザーID とパスワードを読み取る
excel_path = r"C:¥Book1.xlsx"
workbook = openpyxl.load_workbook(excel_path)
sheet = workbook.active
user_id = sheet['B2'].value
password = sheet['C2'].value

# ウェブページにアクセス
driver.get("https://login.e-tax.nta.go.jp/login/reception/loginCorporate")

# ユーザーID とパスワードを入力
driver.find_element(By.ID, "oStUserId").send_keys(user_id)
driver.find_element(By.ID, "oStPassword").send_keys(password)

# ログインボタンをクリック
driver.find_element(By.CSS_SELECTOR, "#anc02 > div:nth-child(2) >
div > button").click()

# 次へボタンをクリック
WebDriverWait(driver, 10).until(EC.element_to_be_clickable((By
.ID, "houjinLoginNextBtn"))).click()

# ブラウザを閉じない
input("Press Enter to exit...")
# エンターキーが押されるまで待機
driver.quit()
```

IDLE に貼り付けて、実行してみて、ログインできれば OK です。

(3) コードの解説

Excel の操作には **openpyxl** を使っています。

import openpyxl

下記の箇所で Excel ファイルを読み取り、変数 **excel_path** へ入れます。

# Excel ファイルからユーザーID とパスワードを読み取る
excel_path = r"C:¥Book1.xlsx"

Excel ファイルを開き、変数 **workbook** に入れ、変数 **sheet** に今開いているシートを入れます。

workbook = openpyxl.load_workbook(excel_path)
sheet = workbook.active

B2 を読み取って変数 **user_id** に入れています。

user_id = sheet['B2'].value

次に **C2** を変数 **password** に入れています。

password = sheet['C2'].value

send_keys で、user_id（利用者識別番号）、password（パスワード）をそれぞれ入れています。

# ユーザーID とパスワードを入力
driver.find_element(By.ID, "oStUserId").send_keys(user_id)
driver.find_element(By.ID, "oStPassword").send_keys(password)

第 5 章　ChatGPT による Python の学習　159

その後、［ログイン］ボタン、警告画面の［次へ］ボタンをクリックし、
ブラウザを閉じないようにしているのは、前項と同じです。

```
# ログインボタンをクリック
driver.find_element(By.CSS_SELECTOR, "#anc02 > div:nth-child(2) > div > button").click()

# 次へボタンをクリック
WebDriverWait(driver, 10).until(EC.element_to_be_clickable((By.ID, "houjinLoginNextBtn"))).click()

# ブラウザを閉じない
input("Press Enter to exit...")
# エンターキーが押されるまで待機
driver.quit()
```

　Excel でお客様データを管理しておけば、そのデータを読み取って、自
動化ができるのです。
　さらに、繰り返し処理をして、複数のお客様のデータ処理を自動化するこ
ともできます。

4 〔事例〕マウス・キーの操作

Pythonでマウス、キー操作をする事例です。

(1) ライブラリの準備

前提として、ライブラリは、
・pyautogui（パイオートジーユーアイ。マウス操作）
・pyperclip（パイパークリップ。コピー、ペースト）
・openpyxl（Excel操作）
が必要です。

コマンドプロンプトで、

pip install 〇〇

と入力し、それぞれをインストールしておきましょう（Macは、ターミナルでpip3 install 〇〇）。

(2) 事例の概要　Download ⬇

事例では、こういった税務ソフトの勘定科目内訳書にExcelからデータを入力していきます。

実際には、Excel は会計ソフトから準備したり、お客様がお持ちのデータを使ったりします。

　ここでは JDL を事例として取り上げていますが、ご自身でお使いのソフトで同様に試してみましょう。

　この場合、次のように入力していきます。

　［追加］をクリック→ Tab → Excel から預金種類を入力→ Tab →
　Tab → Excel から金融機関名を入力→ Tab → Excel から口座番号を
　入力→ Tab → Excel から金額を入力→ Tab → Tab

　この場合、［追加］のボタンの位置を Python に伝えなければいけません。人に伝えるように［追加］では伝わらないのです。

　また、ブラウザのように、名前も決まっていません。

　こういったときは、ボタンや入力欄の座標（パソコンの画面で X ＝○、Y ＝○）を読み取ります。

このボタンがどこにあるか？が必要

| 勘定科目内訳書 － 預貯金等の内訳書（1） | | | | | | |

| 指示 追加 | 追加 | 訂正 | 検索表示 | 削除 | 印刷 | 均等割付 | 内訳書 |
| | 集計 | ソート | マスター登録 | コード表示 | | プレビュー | メニュー |

	種　　　類	金融機関名
1		
2		

162

(3) ライブラリ・座標の準備

　pyautogui は、マウスのカーソルがある位置の座標を読み取ることができます。

　IDLE の Shell（ Ctrl ＋ N で開く Editor ではありません）を開いて、**import pyautogui** と入れて Enter を押し、**pyautogui.position()** を入れたあと、マウスカーソルを税務ソフトの［追加］ボタンの場所に動かして Enter を押します。

　このように座標が表示されるはずです。

　この「X=−661、Y=1488」をコードに使います（パソコンのディスプレイの解像度により、座標は変わります）。

　座標を読み取るのは、最初のみです。

　あとは、キー操作をしていきます。

(4) ChatGPT への入力

ChatGPT には、次のように入れてみましょう。

ChatGPT への入力

 あなた

Python

座標 x=-661, y=1486 をクリック

Excel "C:¥Book1.xlsx"
を読み取る

以下の処理を Excel のデータの数だけ繰り返し

Tab
Excel の A2 を pyperclip でコピー、ペースト
2 秒待つ
Tab
Excel の B2 を pyperclip でコピー、ペースト
2 秒待つ
Tab
Tab
Excel の C2 を pyperclip でコピー、ペースト
2 秒待つ
Tab
Excel の D2 を pyperclip でコピー、ペースト
2 秒待つ
Tab
Tab

「2 秒待つ」を入れたほうが安定します。

pyautogui では、キーボード入力ができます。
ただし、日本語に対応していません。
そのため、かわりに **pyperclip** でコピー、ペーストを使っているのです。
数字の入力もコピー、ペーストのほうが安定するので、そうしています。

結果、たとえばこういった回答が出てきます。

ChatGPTの回答例

◎ ChatGPT

```
import pyautogui
import pyperclip
import time
import openpyxl

# エクセルファイルのパス
excel_path = r"C:\Book1.xlsx"

# エクセルファイルを開く
wb = openpyxl.load_workbook(excel_path)
sheet = wb.active

# データの行数を取得
num_rows = sheet.max_row

# マウスの現在位置を取得してクリック
pyautogui.click(-661, 1486)
time.sleep(2)

# データの数だけ繰り返し
for row_num in range(2, num_rows+1):
    # A列のデータをコピーしてペースト
```

```python
    pyautogui.press('tab')

    pyperclip.copy(sheet.cell(row = row_num, column = 1).value)
    pyautogui.hotkey('ctrl', 'v')
    time.sleep(2)
    # Tab キーを押す
    pyautogui.press('tab')
    pyautogui.press('tab')
    # B 列のデータをコピーしてペースト
    pyperclip.copy(sheet.cell(row = row_num, column = 2).value)
    pyautogui.hotkey('ctrl', 'v')
    time.sleep(2)
    # Tab キーを押す
    pyautogui.press('tab')

    # C 列のデータをコピーしてペースト
    pyperclip.copy(sheet.cell(row = row_num, column = 3).value)
    pyautogui.hotkey('ctrl', 'v')
    time.sleep(2)
    # Tab キーを押す
    pyautogui.press('tab')

    # D 列のデータをコピーしてペースト
    pyperclip.copy(sheet.cell(row = row_num, column = 4).value)
    pyautogui.hotkey('ctrl', 'v')
    time.sleep(2)
    # Tab キーを押す
    pyautogui.press('tab')
    pyautogui.press('tab')
# エクセルファイルを保存して閉じる
wb.save(excel_path)
```

```
wb.close()
```

(5) コードの解説

それぞれ見ていきましょう。

ライブラリをインポートします。

```
import pyautogui
import pyperclip
import time
import openpyxl
```

openpyxl で Excel ファイルを開きます。
ファイルの場所は、パスで指定しましょう。

```
# エクセルファイルのパス
excel_path = r"C:¥Book1.xlsx"

# エクセルファイルを開く
wb = openpyxl.load_workbook(excel_path)
sheet = wb.active

# データの行数を取得
num_rows = sheet.max_row
```

さきほど調べた座標をクリックします。
pyautogui の機能です。

第 5 章　ChatGPT による Python の学習　167

```
# マウスの現在位置を取得してクリック
pyautogui.click(-661, 1486)
time.sleep(2)
```

Excel のデータを繰り返し、事例の場合は３つを処理します。

コピーしたものは、**pyautogui.hotkey('ctrl','v')**、つまり Ctrl + V で貼り付けています。

time.sleep(2) は、２秒待つという意味です。

税務ソフトの処理が遅いので、このように待っています。

```
# データの数だけ繰り返し
for row_num in range(2, num_rows+1):
    # A 列のデータをコピーしてペースト
    pyautogui.press('tab')

    pyperclip.copy(sheet.cell(row = row_num, column = 1).value)
    pyautogui.hotkey('ctrl', 'v')
    time.sleep(2)
    # Tab キーを押す
    pyautogui.press('tab')
    pyautogui.press('tab')
    # B 列のデータをコピーしてペースト
    pyperclip.copy(sheet.cell(row = row_num, column = 2).value)
    pyautogui.hotkey('ctrl', 'v')
    time.sleep(2)
    # Tab キーを押す
    pyautogui.press('tab')

    # C 列のデータをコピーしてペースト
    pyperclip.copy(sheet.cell(row = row_num, column = 3).value)
    pyautogui.hotkey('ctrl', 'v')
```

```
time.sleep(2)
# Tab キーを押す
pyautogui.press('tab')

# D 列のデータをコピーしてペースト
pyperclip.copy(sheet.cell(row = row_num, column = 4).value)
pyautogui.hotkey('ctrl', 'v')
time.sleep(2)
# Tab キーを押す
pyautogui.press('tab')
pyautogui.press('tab')
# エクセルファイルを保存して閉じる
wb.save(excel_path)
wb.close()
```

このしくみなら、Excel のデータが増えても手間は変わりません。

最終的なチェックだけをすればいいということになります。

税務ソフトが Excel を読み込んでくれればいいのですが、そうではないことが多いです。

また、会計ソフトと税務ソフトを同じものにすればこういったことはしなくても済むのですが、そのために会計ソフトを使いたくないなら、プログラミングで解決しましょう。

このマウス、キー操作は、ブラウザでもできます。

また、会計ソフト、税務ソフト、あらゆるソフトで使えますので、ぜひ試してみていただければと思います。

この場合、ChatGPT で完成させようとせずに、コードを直接修正したほうが楽です。

Python 自体も、Excel マクロ、GAS に比べると、ChatGPT との相性はやや落ちます。

その点を踏まえて使っていきましょう。

第 6 章

プログラミング学習の先にあるもの（税理士が目指すべき正しい効率化）

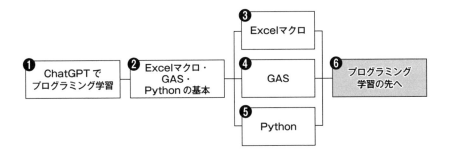

1 税理士の効率化に必要なもの

　本書でプログラミングについて学んでいただきました。

　このプログラミングは効率化の基礎にすぎません。

　第6章では、その先にある効率化の秘訣についてまとめてみました。

　税理士業界は、効率化が進んでいません（もっと言うと、税理士業界に限らず日本全体で言えることです）。

　なぜ効率化できないのか？

　大前提として、「効率化を本当にしたいか」という問題があります。

　本書を手にとっていただいた方は、効率化を本当にしたいとは思いますが、今一度確認しましょう。

- **・仕事を遅くまでするのが美学**
- **・楽をするとさぼっていると思われる、まじめに仕事をしていないと思われるかもしれない**
- **・効率化したら安くしなければいけない**
- **・効率化して時間ができてもやることがない**
- **・効率化したらもっと仕事をしたい**

といったことはないでしょうか。

　効率化できない理由の根は深いのです。

　これらについて、本章でも取り上げていきます。

　そして、効率化できていない直接的な理由は、

- ① **仕事量が多い**
- ② **道具が足りない**
- ③ **スキルが足りない**

という3つです。

　私の実感としては、これらはおおむね 5:2:3 の割合で効率化できていない理由となっています。

172

②**道具**は、買えば済む問題ですが、どれを買えばいいか、失敗したらどうしよう？　といったメンタルの壁もからんでくる話です。

プログラミングをはじめとする③**スキル**は、一朝一夕には身につかず、中長期的に取り組むべきものであり、①**仕事量**を減らすことはさらにかんたんではありません。

じっくり取り組んでいきましょう。

順番に取り組むではなく、３つをバランスよく日々取り組んでいくのがおすすめです。

②**道具**を新しくすればその道具を使う③**スキル**が必要となりますし、③**スキル**を身につけるには時間が欠かせず、①**仕事量**をコントロールする必要があります。

①**仕事量**が増えると、②**道具**を試す時間もなくなりますので、仕事、たとえば税務顧問を１社解約させていただいてでも、時間をつくりましょう。

本章は以降、
・**仕事量を減らす**
・**道具を選ぶ**
・**スキルを身につける**
という構成です。

第１章から第５章で触れたプログラミングが、それぞれの効率化の秘訣に関わってきます。

第６章から（または第６章だけ）お読みいただく方もいるかもしれません。

しかしながら、効率化には、プログラミングができる・知っているかどうかという基礎知識がやはり必要ですので、第１章から第５章もぜひお読みいただければと思います。

「プログラミングなんてしない！」というこだわりは捨てましょう。

第１章から読み進めてきていただいた方も、第６章のあと、第１章から第５章を繰り返し読んでいただくことをおすすめいたします。

第６章　プログラミング学習の先にあるもの（税理士が目指すべき正しい効率化）　173

2 仕事量を減らそう

（1）仕事量を減らすには

　私は、それなりに道具をそろえていて、スキルも日々磨いているつもりなのですが、仕事量が多いとどうしようもありません。

- **明日までに決算を仕上げなければいけない**
- **着信が 10 件入っていて、折り返さなければいけない**
- **今月は税務調査が数件**
- **月次の打ち合わせが月に 10 数件**
- **新規のお客様からの問い合わせ、商談が週に数件**

などといった状況だと、お手上げです。

　「仕事量を減らす」、正確には、「プログラミングで処理できない仕事量を減らす」ということです。

　プログラミングで処理できるなら、1,000 でも 10,000 でもこなすことはできます。

- **データ**
- **ルール通り**

であることが条件です。

　「プログラミングで処理できない」という基準を持つためにも、本書でプログラミングを身につけておきましょう。

　パソコンの仕事でも、プログラミングできないことというのは、やはりあります。
　パソコンを使うとしても、プログラミングできないことはなくしましょう。
　それは、無駄にイレギュラーなものです。

174

(2) ルール化できない仕事を減らす

　ifが入ってくるようなもの、ルールがないもの、自分がルールを決められないものは、効率化できません。

　言われるがままにしなければいけない仕事は避けましょう。

　たとえば、たくさんのレシートを受け取り、それを一生懸命入力して出した数字のお伺いを立てなければいけないというようなことをやってはいけません。

　経理とは事実。

　それをすべて記録すればいいはずです。

　数字を調整する、この経費は入れない、利益が出るならこれも入れてほしいということは、ありえません。

　データをすべて集計することは、プログラミングでできます。

　ただ、上記のような恣意性、イレギュラーがあると、プログラミングで効率化できません。

　そういったことは極力なくしましょう。

　ルールがないとプログラミングで効率化できません。

　Excelファイルが100個あり、売上の金額が、それぞれのファイルのそれぞれのシートのセルB7やA7、C10などあちこちにあるなら、プログラミングで売上の集計はできないのです。

　データを整える、受け取り方を工夫するということをお客様に、やわらかくかつ確実に伝えましょう。

　データで変えてはいけないところを変えてしまっても、プログラミングは動きません。

　Excelの列を削除、数字が入るべきセル（たとえば金額）に文字を入力、といったこともやめていただきましょう。

　見た目は同じでもスペースが入っている場合もありえます。

　ファイル名が変わるとプログラミングが動かないこともありますが、ある

第6章　プログラミング学習の先にあるもの（税理士が目指すべき正しい効率化）　175

程度カバーすることもできます。

このフォルダに入っていればすべて集計するというコードにすればいいのです。

ただ、カバーには限界がありますので、人がプログラミングの邪魔をしないようにしましょう。

かといって、杓子定規にパターン化して楽をしようという趣旨ではありません。

人にしかできない仕事、感情の入った仕事、答えのない仕事に集中するために、パターンを無駄に崩して効率を損なうことはやめましょうという趣旨です。

（3）お客様のための効率化

効率化は、当然自分のためだけのものではありません。

お客様に入力していただく、新しいものに変えていただくことに躊躇するケースもあるかもしれませんが、効率化しなければ、お客様の大事な時間はどんどん減っていくわけです。

お互いの仕事量を減らすよう、ちょっとずつ歩み寄るようにしましょう。

また、自分が効率化することに躊躇するかもしれませんが、では、お客様の負担や苦しみをすべて受け入れるのでしょうか？

それが仕事でしょうか？

お金と苦しみを引き換えるのは、独立前で終わりにしましょう。

お客様も喜びません。

もし、

・遅くまで仕事をしてほしい

・土日も仕事をしてほしい

・楽しそうに仕事をしないでほしい。こっちはつらいんだから

などといったことを求められるのなら、その方は「望むお客様」ではない可能性があります。

営業のミスという可能性も高いので、営業を見直しましょう。

仕事の依頼を安易に受けるべきではありません。

自分が効率化して時間を生むことによって、より良いサービスを提供できますし、好きなことをすることで機嫌よくしていれば、またそれが他のお客様に還元されるわけです。

では、レシートの入力を誰がするのか。

ご自身にしていただくのが速く、楽です。

何に使ったかがわかるわけですから。

しかしながら、レシートを会計ソフトに入力していただくのは、負担が大きいものです（私は「自計化」という言葉は嫌いです）。

だからこそ、使い慣れた Excel やスプレッドシートに、日付と科目と内容と金額だけ入れていただくということもしています。

それを最終的に会計ソフトへ取り込めばいいのです。

上のセルと日付が一緒だったら入れなくて済むしくみもあります。

月ごとにファイル、シートを変えないということも入力を楽にする秘訣であり、プログラミングにも有益です。

ファイル、シートが分かれていると、本書で紹介したプログラミングが必要となります。

ChatGPT でやるとしても、一定の手間はかかるもの。

プログラミングをしないに越したことはありません。

シートを分けて一見わかりやすいようでも実際にはこちらが困るということを、きちんと伝えましょう。

その他、データでダウンロードできる、連動できるものはそうしておけば、入力の手間は減ります。

私はレシートのスキャンは手間がかかり、美しくないので嫌いです。

ステップも多くなります。

ただ、お客様はそうではない場合があるので、ご紹介はします。

どんな方法でもデータにしていただければいいという考えです。

（4）紙をなくす

紙をなくすということも、やはり欠かせません。

なぜなら、紙はプログラミングで効率化できないからです。

日本では RPA が出始めの頃、ベンダー各社が「データで受け取りましょう」「そうすれば RPA で効率化できます」と売り出していたのですが、それでは売れないと見て、「紙のまま効率化できますよ」と方向転換しました。AI-OCR です。

会計ソフト会社も、AI-OCR を売り出し、ネットバンクで連動ではなく、通帳を AI-OCR でデータ化しましょうと打ち出しています。

美しくありませんし、大義もありません。

ステップが多くなるからです。

おまけに、スキャンで読み取れない部分は人の手で修正するという悲しい解決方法もあります。

紙のまま、通帳のコピーをもらえば、それをデータ化できるということですが、最初からデータなら、そういう仕事をせずに済みます。

AI-OCR は技術的には素晴らしいとは思うのですが、その使い道は好ましくありません。

通帳のコピーを送っていただく、受け取るのも手間がかかります。

ましてや郵送だとなおさらです。

通帳だと、お客様が記帳のために金融機関に行く必要もあります。

これも無駄です。

ATM に並んで、記帳して、それをコピーして……という手間となります。

効率化では、お客様がどういったことをされているか、どのくらいの手間がかかっているかを想定することが欠かせません。

178

中にはネットバンクを契約しているのに、毎回税理士のためにネットバンクの入出金明細のスクリーンショットを送るというケースもありえます。

　それを税理士事務所側がスキャンしてデータ化するなどという、悲しいことはやめましょう。

　税務ソフトの固定資産台帳で、科目別の合計が画面上にしか出てこないものがあります。

　Excel で集計したりチェックしたりすることができないのです。

　そういった場合、スクリーンショットを撮り、その画像から文字を認識してデータ化することはできます。

　しかしながら、これもデータでダウンロードできれば解決する話です。

　にもかかわらず、画像認識の技術を使わなきゃいけないというのは、いくらなんでも悲しすぎます。

　業界はこういった IT の方向性です。

　会計ソフト、税務ソフトがないと仕事にならないのですが、できる限り距離をとりましょう。

　仕事量は、油断するとどんどん増えていきます。

　私も油断はしていません。

　税理士というビジネスモデル自体、仕事量が増える体質なのです。

　継続的な顧問、時期が集中する確定申告、一定のニーズがある仕事というビジネスモデルが、効率化できない体質を生んでいます。

　意識して、そこから逃れましょう。

　かといって、レシートをひたすら入力して試算表をちゃちゃっと出して、決算をちゃちゃっとやってということをするかどうか、その方向性がいいかどうかです。

　そうではなく、お客様の相談を聞いてお答えして、お客様のことを考えつつという方向性だと、仕事量は減らせない、むしろ仕事量を増やしてはいけません。

（5）ステップを減らす

　仕事量を減らすということで、私が常に考えているのがステップです。
　仕事のステップ、工程が多いと仕事量は減りません。

○営業する側として

　たとえば、営業。

問い合わせの電話をいただく→出ることができず折り返す→先方も出ることができない→再度電話してつながる→後日商談→商談→連絡を待つ→質問をいただく→答える→契約の意向をいただく→契約で打ち合わせ

ということだと、ステップが多すぎます。

　営業を工夫すれば、このステップを減らすことができるわけです。
　事前に発信しておけば、十分知っていただくことができ、メニューも伝わっています。
　その状況だと、

フォームでお申し込みいただく→日時決定の連絡→商談・契約の打ち合わせ

ということも不可能ではありません。

○税務顧問において

　税務顧問の仕事で月次の数字をまとめる場合でも、

通帳のコピーを受け取る→それを見ながら会計ソフトに入力する→残高を合わせる→合わないので見直す→通帳のコピーが1枚抜けていた→再度連絡→追加のコピーをいただく→入力する・チェックする

となると、ステップが多すぎます。

　ネットバンクで連動していれば、

180

> 連動後のデータチェック

だけで終わるのです。

　お客様側のステップは一切ありません。

　このステップこそ、プログラミングの考え方です。

　ステップが多いと、ChatGPT に入れる手間がかかり、エラーの確率も上がります。

　そして、ステップを自動化できるのがプログラミング。

　86 ページのように、請求書をつくるというステップは自動化できます。

　お客様との打ち合わせでも、記録を逐一残す必要はなく、重要なところかつ、やっておいていただきたいところだけ伝えましょう。

　仕事の報告も逐一何をやりました、チェックしましたなどということは伝える必要はありません。

　このやりとりを減らすということは、こちらからも連絡しないということです。

　お客様とやりとりを減らすといっても、お客様からの連絡は NG、でも自分は連絡する、ということをやってはいけません。

　こちらからのやりとりを減らすには、打ち合わせのときにどれだけ進められるか、段取りがうまくいっているかにもよります。

　そこで把握できれば、その後、メールやチャットをしなくてもいいわけです。

　その場で結論を出す、その場でパソコンを使ってつくってしまうこともやってみましょう。

　一方で、ステップを省略しすぎてはいけません。

　私はお客様へのメールのステップを省略することはしないようにしています。

むしろしたくないことです。

何かを聞いて返信をいただいたら、お礼メールを必ず返しています。

また、重い相談であれば、メールではなく、お目にかかる、Zoom で話すというステップをあえて増やしているのです。

自動化できるステップ、省略できるステップは減らすか、なくし、大事なステップに時間をかけましょう。

ではどんなステップを減らせるか。

一般的に大事だと言われている報連相は、減らせるステップです。

報告、連絡、相談をしなく済むなら、それに越したことはありません。

これらをなくすために私は人を雇わず、外注もしていないのです。

そうでなくても、特に相談は減らしましょう。

誰かに相談しないと決められないということは、極力減らしたいものです。

自分でぱっと決められると、効率は上がります。

社内でのやりとりも多くは無駄なもの。

かといっても、むげにはできませんが、少なくとも減らせないかは考えましょう。

「ちょっといい？」と気軽に話しかけるのも無駄で、逐一の報告も無駄です。

ましてや仕事以外のコミュニケーションも必要ありません。

仕事の中でコミュケーションはできるものです。

AI で会議の音声をテキスト化して議事録をつくるといったことも、技術の無駄遣いといえます。

すべてを記録する必要はありませんし、その会議自体が必要かどうかです。

私はこれらを一切なくす、つまり、やりとりをなくすため・話しかけられ

るのをなくすために、ひとりを選んでいます。

　家族とのやりとりも、平日の日中にはしません。
　平日の日中は、ある意味自分だけの時間であり、その時間を大事にしましょう。

(6) 人とのやりとりを減らす
　「やりとり」がステップを増やします。
　お客様とのやりとりを減らしたいものです。
　電話、メール、チャットが多すぎないか気をつけましょう。
　かといって、前述のとおり、サービスの質を落とすような減らし方は好ましくありません。
- **・データを連動することにより、連絡を減らす**
- **・疑問点をまとめておき、日常の質問を減らす**

そして、
- **・お客様の総数を減らす**

ということも大事です。

　顧問契約を交わすお客様が1人10件と、1人30件ではやりとりの数は当然変わってきます。

　新規の問い合わせも減らしましょう。
- **・気軽にお問い合わせをいただく**
- **・紹介を気軽に受ける**

と、ステップは増えていきます。

　受けることができない、受けたくない仕事は、そのように発信しておきましょう。
　通常だと、顧問契約後にそのお客様が合う・合わないとわかることも多いものです。
　かといって解約はかんたんではありません。

第6章　プログラミング学習の先にあるもの（税理士が目指すべき正しい効率化）　183

ステップも増えます。

そうではなく、事前に発信しておき、バリアをはっておけば、その後のステップをすべて減らせるのです。

誰でもウェルカムにしていると問い合わせは増え、ステップも増えてしまいます。

ステップを減らすために私は日々発信をしているのです。

お客様だけではなく、人とのやりとりを減らしましょう。

プログラミングがあると、人とのやりとりを減らせるのです。

人を雇わずに、または雇う人数を確実に減らせます。

また、プログラミングを使うようになると、プログラミングで効率化できない仕事、たとえば人手が必要な記帳代行や電話を減らしたくなるものです。結果的に人を雇わずに済みます。

これは外注する場合も同様です。

人に頼むことにより、お金もかかります。

プログラミングは、無料（Excelマクロは Excel 代が必要です）なので、効率化にお金がかかりません。

その分のお金を道具やスキルにかけましょう。

多くの場合、人を増やし、やりとり＝ステップを増やし、そこにお金を使い、道具やスキルにお金をかけられないということになっています。

また、プログラミングだと、その仕事をやっていただいた後のお礼が減ります。

プログラミングで処理した後、「ありがとう！」と言う、その前段階の ChatGPT に「ありがとうございます！」「ありがとー」と返してもいいのですが、通常はしないでしょう。

人に対しては、そうはいかないはずです。

もちろん、プログラミングには感謝しているのですが、そこにステップを使いません。

プログラミングからは、人のようにイレギュラーな質問もありません。

人を採用するステップも退職するステップもないわけです。

かといって人との関わりがあるのに、やりとりを減らしても、いいことはありません。やりとりを減らしたいなら、人との関わりを減らしましょう。

プログラミングをはじめ AI・IT とはドライに付き合うことができます。その分、人とのウェットなやりとりに使いたいものです。

これが多くの場合、逆になってしまっています。

自分が好まない方にはドライでいいのでしょうが、好まない方と接すること自体をやめたほうがいいでしょう。

人との関わりを減らしつつ、やりとりはすべからくウェットにすべきというのが私の考えです。

(7) 自分への営業をなくす

営業をかけられる場合も、人との関わりであり、やりとりが増えます。

非常に無駄です。

会計ソフト、税務ソフト、その他の方々とのやりとりをなくし、ステップをなくしましょう。

「60分電話でお時間いただけませんか」「ご挨拶だけでも」「新しく担当になりました」といったことは、すべてやめておきたいものです。

営業電話、営業メールも毅然として断りましょう。

「一切必要ありません」と、もとから断つことが大事です。

会計ソフトや税務ソフト会社からの情報というものは、教科書通りの使い方なので、まったく効率化できていないこともあります。

サポートセンターの方はともかく営業の方は、現場を知りません。

そして開発の方も現場を知らないもの。

これでは効率化できるわけがありません。

問い合わせフォームからの依頼は、フォーム上に営業お断りである旨を明

記しておきましょう。

　私は、税理士紹介会社、保険代理店、人材紹介会社はお断り、そして、商品のレビューもしないなどといったことを入れています。

　そうしておけば、おおむね防ぐことができますので、やっておきましょう。

　受ける営業については、何か得する情報があるだろうという下心をすべて捨てなければいけません。

　応々にしてたいしたことはなく、ITや効率化にはつながらないものです。

　プログラミングができると、ソフト会社、システム会社などと関わらなくて済みます。

　自分でつくることができるからです。

　そうすると、既存のソフトに対しての目線が変わります。

　営業などしていただかなくて済むのです。

　コミュニティにも無駄に属しません。

　ステップが多いなら距離をとります。

　私が主宰するコミュニティは、定例会もなく自由です。

　社内、営業、コミュニティとのやりとりも一切なく、電話もなく、やりとりを極力少なくしつつ、大事なやりとりに力を注いでいます。

　友人も同様です。

　ステップが多い方、長い方、たとえば、朝まで飲むといったことは絶対にしません。

　集まって毎月定例の会議があって、二次会、三次会へ行くなんてことはまだあるのでしょうが、私には縁遠い話です。

　そういったことがあると、日程調整や日々の連絡もありえます。

　そのために、大事なお客様、家族に対してやりとりができないということになっているのが、ありがちなパターンです。

　やりとりが遅い方とお付き合いしないということも欠かせません。

（8）人間関係の見極め

それをどこで見極めるか。

電話は早いけどメールは遅いというパターンの方もいらっしゃいます。最初のほうのやりとりで見極めるしかありません。

遅いかどうかは、やはりその仕事をはじめてみないとわからないというところもあるので、もし遅い、または遅くなったら（忙しくなったという理由で）、どこかで決断をすべきときはあります。

解約ということです。

もちろん、解約の前にこちらでできることはありますが、できることをある程度やったら、解約も辞さないくらいの覚悟が、効率化には必要です。

世の多くは効率化できていません。

多くの方とお付き合いし、効率化することなど無理なのです。

世の中が激変しない限り。

ただ、2020年からのコロナ禍でも世の中は変わりませんでした。

そうそう期待すべきではありません。

しがらみがあると決断しづらくなりますが、効率化のため決断しましょう。

お金を払う関係なら、こちらがそのお金をあきらめれば決断できます。仕事を依頼して、やりとりが遅い、ステップが多いなら、やめることも覚悟しましょう。

たとえ違約金がかかっても、払ったお金が戻ってこなくても、時間を考えると捨てる価値はあります。

そういう決断をしなければ、大事な方々、そして自分を守れません。

（9）電話をなくす

電話をなくしましょう。

「電話をかける→不在→再度かける→不在→かけていただく→こちらが出ることができない→……」と無駄なステップを積み重ねてしまうからです。

代表電話で取次などということがあれば、さらに手間がかかります。百害あって一利なしとはまさにこのことです。

私は、電話だけの仕事があっても、受けません。

　本書の執筆も、電話連絡のみなら受けていませんでした（メールを丁重に返していただき、本当にありがたいです）。

　やむを得ない税務署、役所との連絡以外は、電話を使わないようにしましょう。

　効率化のために、電話を使う方とのつながりを断つ価値はあります。

（10）通知をオフ

　パソコンやスマホなどでは、メールやチャット、お知らせなどの通知が出てきます。

　これらの通知をオフにしましょう。

　お知らせをすぐに知る必要はありませんし、メールやチャットもすぐに返すべきものではありません。

　ただし、大事なのは、「通知をオフ」ということと「連絡が遅い」ということは別だということです。

　「通知をオフにしているな」「気づかないな」「その日は返さないようにしているな」といったことが透けて見えてはいけません。

　以前ご質問いただいたことがありました。

　「通知をオフにしているのに、何でそんなに返信が早いのですか？」と。

　私はメールやチャットをちょくちょくチェックしているからです。

　そつなく返せるように、メールやチャットのやり取りの優先順位をある意味高くしています。

　通知をオフにしてもそれはできるのです。

　基本的には土日や夜はメールしないようにしていますが、例外はあります。

　必要なやりとりには力を入れると考えると、全体のやりとりを減らすということが大事です。

仕事を増やさない理由はここにもあります。

（11）予定を減らす

ステップの最たるものとして予定があります。

リアルの予定はもちろん、オンラインの予定も減らしていきましょう。

オンラインでもやはり、一定の時間がかかるのは事実です。

予定で埋まってしまうと身動きが取れなくなり、考える時間もなくなりますし、遊ぶ時間もなくなります。

予定の調整・決定にも時間がかかるものです。

・平日に1日は予定がない日をつくる

・遊びの予定を先に入れる

・日々の予定を振り返り、反省する

といったことをしていきましょう。

○平日の予定

私は、平日の予定が埋まりだしたら、予定をブロックします。

Googleカレンダーに「ブロック」という予定を入れるのです。

もともと、水曜日の午後と金曜日は「ブロック」を入れています。

水曜日は、娘の学校が早く終わるので遊びに行くため、金曜日はタスク実行デー（この日にしかしないタスク）であり税理士業禁止の日だからです。

原則として、これらの日には予定を入れません。

12月から3月でも同様です。

普段から平日を圧縮して仕事をするようにしましょう。

目一杯使っていると、繁忙期に時間が足りなくなります（私には繁忙期はありません）。

○遊びの予定を先に

遊びの予定を先に入れることもしましょう。

第6章 プログラミング学習の先にあるもの（税理士が目指すべき正しい効率化） 189

「仕事が入るかもしれないから」と予定を入れないから、効率化できないのです。

そして、遊びの予定は絶対に守りましょう。

「仕事が入ったから」という言い訳は禁止です。

仕事を優先しすぎると、遊び、自分、家族を犠牲にしてしまいます。

○予定の反省

日々の予定を振り返り（100 ページの GAS の事例を使いましょう）、その予定を入れて正解だったか誤りだったかを判定しましょう。

もし、誤りであれば、それを繰り返してはいけません。

・安易に OK した予定

・嫌な思いをした予定

・無駄な時間だったと後悔する予定

なら、やらないことリストに入れて、徹底してやめましょう。

（12）　自動化する

自分が手掛けるステップを減らすために、自動化しましょう。

プログラミング以外で、自動化のソフトとしては、スニペットツール（PhraseExpress）がおすすめです。

たとえば「!o」といれると、「おはようございます。井ノ上です」と瞬時に出てくるツールです。

毎日出しているメルマガ「税理士進化論」をはじめ、メルマガの管理・発行を自動化できるオートビズというシステムも愛用しています。

メルマガの発行の自動化は、プログラミングでもできますが、スパムメール認定や配信ミスのリスクもあるので、年間数万円を払っています。

ソフトはできる限り汎用性の高いものを使いましょう。

なぜなら、汎用性の高いソフトのほうが、スキルが伸びるからです。

専門性が高いとソフトの使い方を覚えることになります。

プログラミングも汎用性が高いものです。

自動化で大事なのは自分の自動化。

　コンマ1秒で判断、決断できる軸があると自分を自動化できます。

　その他、さっとメモをとることも、自分を自動化してやっておきたいものです。

　パソコンの操作も自分を自動化しておきましょう。

　タッチタイピング、ショートカットキーを口酸っぱくおすすめしているのは、自分の自動化のためです。

　無意識に入力できるくらいにしておくと、考えることに集中できます。

　タイピングをしていて、じゃあ、どの指使っているかを答えるには、ちょっと考えます。

　どの指だっけと。

　それくらい無意識で入力できるようにしましょう。

　ご自身も自動化すると、ステップを減らせます。

　どうしようかな、これにしようかな、どっちにしようかなって迷っていると、時間がどんどん減っていきます。

（13）ビジネスモデルを見直す

　仕事量を考えるときに、税理士というビジネスモデルの限界に向き合いましょう。

　税理士という仕事は、人が必要なのです。

　仕事が増えた場合、人を増やすか、効率化するか。

　ただ、人をかんたんに増やすことができません。

　効率化しかないのです。

　もしできたとしても、人を増やすことかつ安く済ませようとすることで人手不足を解決すべきではありません。

　ビジネスモデルを見直しましょう。

　レシートを受け取って入力して納品するというビジネスモデルだと、限界はすぐに来ます。

第6章　プログラミング学習の先にあるもの（税理士が目指すべき正しい効率化）　191

取引が増えれば増えるほど、紙なら手間が増えるわけです。

これがデータであれば関係ありません。

本書のプログラミングで体験していただいたように、データが増えてもプログラミングの手間は変わりません。

データがあるだけ繰り返すという処理ができるからです。

そういったビジネスモデルにしておかないと、人手不足は解消しません。

人手不足で人を補充せずに、旧来のビジネスモデルの仕事を減らしつつ、ビジネスモデルを変えていきましょう。

ただ通常は、仕事を減らすとお金が減ってしまいます。

それがダメなのです。

そもそも仕事を減らしてお金が減るというビジネスモデルだから効率化できず、ステップも減りません。

仕事の手間に応じて値付けをしているということです。

値付けの時点で、仕訳量で値付けするといったこともやめましょう。

もちろんその方が値付けしやすいのでしょうが、そこに頼らないということが大事です。

全力で効率化しても、売上が減らない方向性にしましょう。

仕事をどんどん減らす効率化のネックになるのは、自分が楽をして仕事が減れば減るほど、値段を下げなければいけないのかということです。

実際、顧問料をそれで下げているかというと、そうではないでしょう。

逆に仕事が増えるとその顧問料を上げるというのが、お客様に対して正直かどうか。

2023年にインボイス制度導入で顧問料を値上げするのが、本当に正しいのか。

たしかにすることは増えますが、私は量で値付けしていないので、値上げしていません。

値上げを考えるということは、それまでの顧問料が安すぎるという理由もあるのかもしれません。

それはそれで問題です。

また、値段を上げなければいけないくらい、過剰にチェックするのが正しいかどうか、お客様が望んでいるかどうかです。

ステップを減らすときに、どこに課金しているかを今一度考えましょう。

（14）効率化した先に何がある？

効率化した先、その時間を何に使いますか？

これに即断できないと、効率化はできません。

効率化したらゆっくり休もう、そのときに考えようと思っていると、効率化のモチベーションはなかなか上がらないものです。

効率化して、さらにどんどん仕事をしないといけないかもしれません。

ダイエットして体重が減ったら、またいっぱい食べて太るようなものです。

仕事だとそれをやってしまってい、当然、モチベーションはなくなります。

だから効率化できないということになるのです。

定年退職してもやることがないという状況と同じことになります。

私にはやまほどやることがあるからこそ、効率化しているのです。

趣味を持ちましょう。

ひとりでもできる趣味は、やはり大事です。

ひとりでもできるとなると、いつでもできます。

平日がうまく使えるけども、家族は使えない、友人は使えないというケースもありえます。

そうすると、「じゃ、平日は仕事しておくか」となってしまうわけです。

第6章　プログラミング学習の先にあるもの（税理士が目指すべき正しい効率化）　193

私には、ひとりでする趣味がたくさんあります。

娘、トライアスロン、買い物、ゲーム、カフェ発掘など。

みんなでする趣味も大事であり、ひとりでする趣味も大事です。

時間がかからない趣味は、仕事効率化へのプレッシャーになりません。

時間がかかる趣味を選びましょう。

ランニングだけだったらお金はそれほどかかりません。

マラソン大会に出る（特に遠方）、ウェアにお金をかけるとまた違っていきますが、走るだけならそれほどかからないものです。

ヨガもそれほどかかりません。

私のゲームという趣味もお金はそれほどかかりませんが、時間はそれなりにかかるのです。

100時間かかることもあります。

お金もかかる趣味はなおさらおすすめです。

効率化しつつ、稼がなければいけなくなります。

それがいいのです。

トライアスロンは趣味として最適で、お金がかかり時間がかかります。

そうすると仕事を効率化せざるをえないのです。

娘との遊びも際限がないもので、意外とお金もかかることがあるので、仕事を効率化せざるをえません。

これは独立前も同様で、ゲームなどで遊ぶために仕事を効率化していました。

税理士受験時代はなおさらです。

しょうもない職場の効率に引きずられて自分の受験期間が延びるということが絶対嫌でした。

独身時代も自分でご飯をつくりたかったので、買い物をしてつくって食べることを考えると、早く帰る必要があったのです。

　だから効率化できました。

　プログラミングを始めたのは、最初の勤め先である総務省統計局時代です。

　しかしながら、効率化の先を見つけるのは、実はかなりの難易度です。

　税理士業界は劣悪な労働環境と受験期間があり、その効率化の先の楽しみを忘れてしまっています。

　効率化の先を全力で探し、ステップが多いことに腹が立つくらいになりましょう。

　趣味を探すなら、

・興味があることをちょっとでも調べてみる

・昔やっていた趣味を再びやってみる

・趣味がある人と接してみる

というのが大事です。

　税理士同士だと、お互い趣味がない、繁忙期がある、仕事だけというケースがありますので、気をつけましょう。

「趣味にハマりすぎて仕事がおろそかになるのが怖い」

と思うかもしれません。

　よく見聞きすることですが、大丈夫です。

　仕事への想い、責任感はその程度のものでしょうか。

　決してそうではないはずです。

　趣味にハマって時間が足りなくなったら、仕事を効率化しましょう。

　それくらいの荒療治をしなければ、効率化スキルは磨けません。

第6章　プログラミング学習の先にあるもの（税理士が目指すべき正しい効率化）　195

3 仕事の道具を選ぼう

　いくらプログラミングができても、その道具が足を引っ張ることはあります。

　本項では、ハード、ソフト、環境という要素で道具についてまとめてみました。

　まずはおすすめしないものを挙げてみます。

（1）おすすめしないもの
○税務ソフト、会計ソフト

　「はじめに」でも取り上げたとおり、特に効率化という観点では、税務ソフト、会計ソフトを頼りすぎないようにしましょう。

　これらのソフトは、効率化よりも正確さ、そして「これまで通り」を重視しています。

　それはそれでいいことではあるのですが、効率がよくないのは問題です。

　ひとまずは決算書までできればいい、試算表までできればいいというつくりであり、操作性もよくなく、見た目もよくありません。

　税務ソフト・会計ソフトからいかに離れるか、いかに距離を取るのかということが、税理士の効率化の秘訣です。

　残念ながら、これは今後も変わらないでしょう。

　クラウド会計ソフトがちょっとよくなったかなと思いきや、そのクラウド会計ソフトでも、一般的なソフトに比べると非効率です。

　そもそもが、非効率な記帳代行に適した機能だけの場合もあります。

　データチェックやアウトプットは非効率です。

　その非効率さをプログラミングで補うのが次善の策といえます。

196

○スキャナー、複合機、AI-OCR、STREAMED

紙をデータにするステップが増えるので、おすすめしません。

○電話

前述のとおり、ステップが多くなります。

○プリンター

データを紙にするなぞもってのほかです。

データのまま扱うようにしましょう。

そうすればプログラミングで効率化できます。

納品を紙でするのは別ですが、それもお客様が望んでいるかどうかの確認は欠かせません。

いずれにしろ、データのままチェックするスキルを磨きましょう。

○郵送

郵送もステップが多いものです。

もし郵送せざるを得ないときは、データで完結でき、先方に紙で届くWebゆうびんを使いましょう。

○電卓

電卓の結果はデータとして再利用できません。

数字の確認ならデータ上でもできますし、そのほうが速く正確です。

完璧なプログラミングなら、検算の必要もありません。

○ Docuworks

データを紙のように扱えるソフト。

それが好ましくありません。

データはデータとして扱うスキルが必要です。

パソコンでは、Windowsならエクスプローラー（MacはFinder）を使うことをおすすめします。

第6章　プログラミング学習の先にあるもの（税理士が目指すべき正しい効率化）　197

これもデータとして扱うためです。

　机の上に書類や紙のファイルが並ぶように、データを紙のように扱ってしまうと、パソコンのデスクトップにファイルがずらっと並ぶという状況になってしまいます。
　普段は見えないところに、大量のデータを保管し、必要なときに、検索して取り出せるのがデータの魅力です。
　紙の感覚を捨てましょう。
　私のパソコンはデスクトップに何も置きません。

○テンキー

　テンキーを使う仕事をなくす、少なくとも減らさないと効率化できません。
　数字の入力ではキーボード上部を押しましょう。
　文章、プログラミングを書くときには、そのほうが圧倒的に速いからです。
　テンキーに手を動かすタイムロスを認識しましょう。
　どんなにいいキーボードでも、テンキーが付いていると私は買いません。
　見た目も嫌で、邪魔だからです。

○税理士向けソフト

　税務ソフト、会計ソフト同様、使い勝手がよくありません。
　汎用性があるソフトを使いましょう。
　無料で使える、または無料ですぐにお試しできるソフトを選びたいものです。
　最低ユーザー数が決まっているものもおすすめしません。

(2) ハードウェア

　プログラミングだけでいえば、高性能なハードウェアは必要ありません。

　ただ、その操作性は大事です。

物理的に選ぶということも大事です。

まずは手になじむか。

ご自身の手に合うかどうか、手触りがどうかで選びましょう。

また、手を動かさないことも大事です。

手が疲れ、腰や肩に痛みが出ます。

ショートカットキーを使い、マウスを使わないのも手を動かさないためです。

ただ、多少なりともマウスを使うとき、トラックボールマウスなら、手を動かさなくて済みます。

ノートパソコンの場合はパットを使いましょう。

目になじむかどうかも大事です。

見た目、色、デザインにもこだわりましょう。

その結果選んでいるのがやっぱり Mac です。

なお、ハードは消耗するという事実を忘れないようにしましょう。

特にパソコンやスマホは消耗します。

そのため、私は毎年買い替えているのです。

パソコンで Mac を使ったことがない方は、一度お使いになることをおすすめします。

Windows とはまた違うものですので、よき鍛錬になるのです。

プログラミングも同様に使えます。

税務ソフトや会計ソフトのように、Windows でしか使えないものは、Windows パソコンで使いましょう。

Mac だけでできる仕事も多いものです。

タブレットはペンを使いやすいので、申告書や原稿チェックに使えます。

ただし、パソコンのかわりにはなりません。

第6章　プログラミング学習の先にあるもの（税理士が目指すべき正しい効率化）　199

ノートパソコンとタブレットの両方が必要なのです。

タブレットではプログラミングもできません。

デュアルディスプレイも今は必須ではありません。

ノートパソコンの解像度も上がっているからです。

そのディスプレイで何をするか、紙を使わないかのほうが大事です。

デュアルディスプレイの一方にて Excel や PDF を見ながら、もう一つのディスプレイで入力といったことは絶対にやめましょう。

各ハードの充電のケアは欠かせません。

モバイルバッテリーや USB-C ケーブルにはこだわりましょう。

USB-C ケーブルは様々な規格がありますので、目安として 3,000 円以上のものを買っておきたいものです。

充電効率もよく、転送速度も速くなります。

ネット環境として、ルーターに投資しましょう。

今だと Wi-Fi 6E 対応のものをおすすめします。

外で主に使っているのはスマホのテザリングです。

デュアル SIM として、ドコモ（Ahamo）と au（povo）の回線を契約しています。

povo は容量の追加が楽で、その日は使い放題ということもできます。

場所によってドコモがつながりにくい、au がつながりにくいということもありますので、複数の会社と契約していると、リスクヘッジにもなるのです。

(3) ソフトウェア

プログラミングを学ぶメリットには、効率化のスキルが身につくことだけではなく、ソフトの裏側を知ることができるということもあります。

プログラミングの考え方を理解することによって「このソフト、なんでこんな変なつくり方をしているのか？」ということがわかるようになります。

ソフトは、神がつくったものではないのです。

誰かがつくったもの。

プログラミングを身につけることで、ソフトの選択眼を身につけましょう。

料理をつくると、外での食事への見る目が変わってきます。

あきらかに手抜きでおいしくないところもあるわけです。

ソフトは次のようなものがおすすめです。

○おすすめソフト

データを使う上で、ExcelマクロとともにExcelも使いこなしたいものです。

テキストを書くなら、Wordに限らず使ってみましょう。

私はWordをほとんど使いません。

書籍の原稿の納品、ブログ記事の校正くらいです。

通常は、ブラウザでWordPress、軽くて使いやすいVisual Studio Codeを使っています。

本書を含めて本の執筆時に使っているのは、Scrivenerです。

軽くて使いやすく、余計な機能がないので、シンプルに使えます。

そして、パワポ。

セミナー、お客様への資料として使っています。

Excelのグラフやサマリー（要約）のパターンもありますが、Wordでつくることはありません。

書類はともかく、資料をWordでつくらないようにしましょう。

Dropboxは、データ共有に使っています。

連絡にはGmailで事務所と会社のメールアドレスを使い、チャットで使っているのは、ChatWork、メッセンジャー、Discordなどです。

第6章　プログラミング学習の先にあるもの（税理士が目指すべき正しい効率化）　201

Lightshot というスクリーンショットソフトは、ショートカットキーが使いやすいので気に入っています。

Mac では、コピーの履歴を保存し貼り付けることできる Clipy が手放せません。
Windows では標準機能として $\boxed{\text{Windows}}$ + $\boxed{\text{V}}$ が使えます。
これらはプログラミング時にも役立ちます

Adobe 商品については、私はサブスクの Adobe Creative Cloud を使っています。PDF の編集・結合などができる Acrobat Pro が特に便利です。
法人のお客様の決算書、申告書などをひとまとめにできます。
所得税ももちろん、相続税の資料もこれでまとめています。
データとして保管しているわけです（なお書類のスキャンはスマホで行い、Notion に保存しています）。
Adobe では、動画編集の Premiere Pro、写真編集の Photoshop も日々使っています。
Premiere Pro は、動画や音声のテキスト化も優れているのでおすすめです。

デジタルメモとして、Noiton を使っており、お客様別のカルテ、ネタ帳としています。
お客様のデータベースは、Excel です。
Excel からデータを読み取り、プログラミングにも使えます。

○ソフトを使うにあたって
目に邪魔なものが入ってくることは避けましょう。
目に入ると、やはり気になるものです。
たとえば私は、ブラウザでは Yahoo! を見ません。
見る必要のないニュースが出てくるからです。
ブラウザのホーム画面（最初の画面）は気が散らないものにしましょう。
「見えない」というのも大事です。

エクスプローラーでは、詳細表示にしてタイトルだけ見えるようにしておきましょう。

アイコン表示だと、表示できる範囲が少なくなります。

ファイルはデスクトップに置かなくても、検索（Windows だと Windows キー。Mac だと Command ＋ スペース ）で呼び出せます。

メモでパソコンに付箋を貼る、張り紙をするということも、美しくないのでやめましょう。

デジタルでメモして見えなくても、検索して呼び出せればいいのです。

見えないことになれるのは、データを扱う上で欠かせません。

データがパソコンの中になく、クラウドにあるという時代にも抵抗をなくしておきましょう。

そして、お金も同様です。

キャッシュレスだと落ち着かないということはなくしたいものです。

効率的なのは、キャッシュレス。

効率化を考えるなら、たとえばモバイルオーダーやネット申し込みなどを積極的に使いましょう。

○プログラミングでソフトを最低限に

プログラミングで、自分でつくること。

自分でつくるとステップを自分次第でなくせます。

たとえば警告や確認のボックスをなくすことができます。

その結果、ステップを少なくして、効率化できます。

そうするとソフトがほぼ要らなくなります、事業計画、決算予測、資金繰りをするソフトなど、私は一切買っていません。

Excel でやればいいからです。

たとえ、つくるのに時間がかかっても、その経験は資産として残ります。

第6章　プログラミング学習の先にあるもの（税理士が目指すべき正しい効率化）　203

（4）環境

環境として、机や椅子も大事です。

体の疲れは効率を左右します。

私はスタンディングデスクや座椅子（ドクターチェア）で仕事をしています。

紙を使わないので、さほどスペースは必要ありません。

自宅で仕事をする方は、自分の部屋も欠かせません。

電話をしないとしても、オンラインの打ち合わせで便利ですし、YouTube、動画教材の収録、オンラインセミナーにも使えます。

移動時やカフェでは、音を遮るイヤホンが欠かせません。

そして、意外と大事なのがバッグです。

紙を持ち歩かないというのは大前提にしましょう。

重く、かさばり、しかも紛失のリスクがあるからです。

紙の分、ノートパソコンを持ち歩きましょう。

お客様先でもパソコンを使うようにすると、仕事のやり方が変わります。

試算もその場でできるのです。

「事務所（自宅）に戻ってから」ということは、もはやありえません。

ただ、パソコンが重いのは事実です。

持ち運びやすいバッグを選びましょう。

私は軽量のリュックを使っています。

どうしても重いのなら、キャリーケース（スーツケース）がおすすめです。

プログラミング以外のスキルも磨こう

プログラミング以外にも、次のようなスキルを磨いていきましょう。

(1) タッチタイピングとショートカットキー

効率化に必要なスキル。
プログラミングにも影響します。

タイピングが遅いと、コードを効率的に書けません。
本書でご紹介したように、もはやコードを書く必要はない時代ではあります。
しかしながら、ChatGPT に入力するときには、タイピングのスピードが必要となります。
磨いて損はありません。

ショートカットキーも同様です。
ChatGPT でも、

- コピー　　　　　　　　　Ctrl + C (Mac は Command + C)
- 貼り付け　　　　　　　　Ctrl + V (Mac は Command + V)
- 履歴から貼り付け　　　　Windows + V (Mac はフリーソフト Clipy)

等の基本的なものを用いるのはもちろん、ChatGPT 自体のショートカットキーもあります。

- 新しいチャットを開く　　　　Ctrl + Shift + O
- サイドバーを開く・閉じる　　Ctrl + Shift + S

(2) 読み取るスキル

効率化に必須なのは読むスキル。
目を鍛えるということはやはり大事です。
ChatGPT の答えをぱっと読み取ることができるかどうかが、効率を左右します。

税制改正大綱など税理士業で検索して出てきた資料類も、ぱっと見てどこが大事かということをさっと読みとるスキルを身に付けましょう（ChatGPTで要約することもできますが、要約は人の方が優れています。優れているようにしておくべきです）。

　読み取るスキルを日々鍛えるため、私は、

・1日1冊以上本を読むこと

・インプットしたものを整理してアウトプットする➡日々の発信

を続けています。

　目を鍛えるだけではなく、もちろん、自分の専門分野、自分が勝負しようと思っている分野に目を通すということは必須です。

　紙の本とともにデータ、パソコン上で読み取れるように意識しましょう。

　私はゲームでも目を鍛え、今も鍛え続けています。

　効率化したいなら、今からでもゲームをするのもおすすめです。

　シューティングゲームや格闘ゲームといった動きがあるものは目も鍛えられますし、趣味にもなります。

　僭越ながら言わせていただくと、効率化スキルは、この目の差が大きいです。

　画面が切り替わったとき、何かを操作するときに、瞬時に情報を読み取り、決断し、クリックなりスクロールなりをするスキルを意識しましょう。

　どのボタンをクリックするのか、パターンはおおむね決まっています。

　このパターンにはめるというのは、ゲーム的な考えでもありますし、プログラミングの根底を支える考えでもあるのです。

　プログラミングは、ある意味古いスキルではあるのですが、あえてそこをやってみることが欠かせません。

　そこに原点や大事なことがあるからです。

　その意味で私は、写真の仕事でもフィルムを使っていますし、車や電車のほうが便利なのに己の肉体で勝負するトライアスロンをやっています。

（3）アウトプットスキル

　人によって大きな差があるなと思うのは、頭の中にあるものを手にどうやって伝えるか、手を通じて画面にどうやって出していくかというスキルです。

　だからこそ、私は毎日発信しており、それをおすすめしているのです。

　ブログはその最たるもので、頭の中にあるものを手→画面に出します。

　そこでタイピングに意識があると、うまくいきません。

　無意識でタイピングするくらいである必要があるのです。

　お客様からのメールがあり、どれだけ素早く返信できるかということも、頭→手のスピードが欠かせません。

　頭→口も同様で、打ち合わせでどれだけ反応できるかに影響します。

　これも今はYouTube、セミナー、動画教材作成で鍛えることができるものです。

　自分が思っていることをちゃんと口にできるか、違うことを口にしてしまわないかの鍛錬であり、伝えることができると効率は上がります。

　断るべきことも断ることができるわけです。

　アウトプットとしてコミュニケーションスキルを磨きましょう。

　税理士にはコミュニケーションが苦手な方も多いものです。

　だからこそ差がつきます。

　コミュニケーションスキルがあるとお客様に効率よく伝えることができるだけではなく、打ち合わせの時にちゃんと話せると後々メールチャットをしなくてもよくなり、ステップを減らせます。

　オンラインでのコミュニケーションは、見た目も大事です。

　背景や明るさにもっとこだわりましょう。

　マイクも重要です。

　最初にお目にかかるのがオンラインということもあります。

第6章　プログラミング学習の先にあるもの（税理士が目指すべき正しい効率化）　207

アウトプットには行動力が欠かせません。

それを鍛えるため、私がやっているのが「1日1新」です。

毎日新しいことを自らやることであり、おすすめしています。

行動力があれば、本書を読んだ後プログラミングを実践でき、そこで違いをつくれるわけです。

（4）時間をかけずに稼ぐスキル

時間を増やさずに稼ぐスキルも身につけましょう。

税理士は、やはり仕事が増えてしまうものです。

顧問先もある程度増えると、増やしようがなくなります。

売上の限界も来てしまうわけです。

モチベーションも下がってしまいます。

かといって、ステップを増やしてまで売上を増やそうとすると、効率は下がるものです。

時間をかけずに際限なく売上を増やす工夫をしていきましょう。

特にひとり税理士の方は、「自分と家族が食べていくだけだから、これぐらいでいいや」となってしまうと、牙が抜け落ちてしまいます。

ハングリーさを失わず、常に何かしら攻めておきたいものです。

税理士以外の仕事をするのもおすすめしています。

稼ぐことができれば、効率化のために仕事を減らすことや、道具やスキルに投資することができるのです。

稼ぐためには、営業スキルが欠かせません。

できることはすべて出し、できないことも事前に出しておきましょう。

それが発信です。

営業が非常に効率的になります。

私は、効率化できる仕事しか受けません。

紙の仕事は受けず、やりとりが多い方からの依頼は受けないようにしています。

208

だから効率化できているのです。

営業しましょう。

紹介に頼っていては効率化できません。

（5）時間管理スキル

時間管理のスキルにおいては、切り替えが大事です。

仕事とそれ以外の切り替え、仕事の種類ごとの切り替えを意識して鍛えましょう。

分刻みのタスク管理はプログラミング（Excelマクロ）を使って自作しています。

プログラミングスキルがあれば、ソフトをつくることができるのです。

これは独立と一緒であり、自分に合った職場を見つけるか独立するか。

ソフトも、自分に合ったソフトを見つけるか、自分でつくるかです。

食事もそうで、自分に合った店を見つけるか、自分がつくるか。

私はほとんどの場合、後者を選んでいます。

（6）数字力、金銭感覚

経理で数字を見ることも欠かせません。

このスキルがあってこそ、効率化ができるのです。

お金に余力があり、先を見ることができれば、仕事を減らせます。

あとはメンタルだけの問題です。

仕事を感情で断るだけではなく、お金の感覚を掴んでいるとその面でも断ることができます。

非効率な売上を減らす、つまりお金を捨てることで効率は上がります。

採算が合わない事業ということで切り捨てるべきです。

その採算は、お金だけではなく、時間でも合わない、ストレスを感じるということも含めて考えましょう。

その仕事があることでイライラして他の仕事に影響がある場合や、この仕

第6章　プログラミング学習の先にあるもの（税理士が目指すべき正しい効率化）　209

事は独立当初でお世話になったけれども、ちょっと厳しくなってきたという場合も、決断すべきときはきます。

お客様のリストを Excel でつくり、累計売上、年間売上などを並べ、今後その仕事を続けるべきかを検討しましょう。

（7）WordPress を使うスキル

ネット、ブログやホームページを自分好みにつくることもやってみましょう。

WordPress でできます。

プログラミングとの共通点もあるので、作成に ChatGPT を使うこともできるのです。

営業の成果も上がります。

きれいだけど心が入っていないホームページよりも、自分でつくった心がこもったホームページのほうが伝わるのは当然です。

ホームページに欠かせないのは、プロフィール、メニュー、フォームです。

プロフィールは個性を出し、お客様が興味を引くものにしましょう。

写真も必須です。

今のご自身を堂々と見せておきましょう。

そうすることによってミスマッチがなくなるのです。

「ホームページからは、いい依頼をいただけない」のは、きれいにまとめすぎているからでもあります。

外注していては、そうなってしまいます。

自分の言葉で書くようにしましょう。

記事があったほうがいいのは事実ですが、まずはホームページがまったくない、検索しても情報が出てこないことをなんとかすべきです。

メニューはシンプルで伝わるようにつくりましょう。

結局いくらかかるかが大事です。

そして、フォームに入力すると問い合わせ、依頼ができるようにしておきましょう。
　そこで手間がかかるようだと、折角のチャンスを逃します。

（8）データを扱うスキル

　データを扱うスキルとして、Excel に加え、CSV、そしてインポート、エクスポートを活用しましょう。
　クラウド会計ソフトだけだと、私は仕事をする気になりません。
　非効率だからです。
　Excel でチェックしたり、Excel で追加データを入れたりしています。
　そうすることで、非効率な会計ソフト、税務ソフトと距離を置けるのです。

　税務ソフトというものはインポートもできないことが多いので、Python や RPA を使っています。
　税務ソフトで試算せずに、Excel で試算できるようにしています。
　法人税、所得税、そして相続税も Excel での試算です。
　知識の確認にもなります。

（9）美的感覚、生き方

　メンタルとして大事にしたいのが、美しいかどうか。
　紙をスキャンするのは美しくない、という感覚です。
　感覚は人それぞれではあるので、紙を使ったほうが美しいということもありますし、手帳を使うのがダメだと言うつもりはないのですが、それを本当にご自身がいいと思っているか、美しいと思っているかどうか。

　歩きスマホ、電話も私は美しくないなと思っているので、やりません。

　自分を律するためにも、その美しいかどうかの基準で選ぶことはおすすめです。

第 6 章　プログラミング学習の先にあるもの（税理士が目指すべき正しい効率化）　211

いくら効率的でも美しくないと思ったらやらないほうがいい、やらなくていいのです。

せっかく思いついたことや仕事、お客様に伝えるべきことを忘れるのは美しくないので、私はどこでも Notion にメモしています。

紙のメモを紛失するのも嫌なので、データにして検索できるようにしているのです。

夜遅くまで仕事するということも美しくなく、遊べないというのも美しくありません。

繁忙期も同様で、「繁忙期だから旅行に行かない、ゲームもしない、トライアスロンのトレーニングもしない」といったことは美しくないのです。

かっこいいという表現もできます。

自分が納得する生き方をしましょう。

これも効率化の先にあることです。

単に仕事を速くするだけでは効率化はできませんし、プログラミングも身につきません。

(10)「めんどくさい」のレベル上げ

仕事を速くするために、「めんどくさい」のレベルを上げていただきたいのです。

たとえば、通帳をスキャンするなら、そのスキャンがめんどくさいです。

そしてスキャン後のチェックもめんどくさいと感じます。

それを誰かにやっていただくとしても、チェックは自分。

めんどくさいものですし、美しくないものです。

スキャンサービスを使うとしても、そのデータが出てくるのは翌日以降。

それ自体がめんどくさく、美しくありません。

めんどくさいのレベルを上げて、仕事を日々改善していきましょう。

（11）自責の精神

効率化のために捨てておきたいものもあります。

「しかたがない」を捨てましょう。

・仕事だから

・税理士だから

・繁忙期だから

そして、人のせいにしてはいけません。

みんな（他の税理士が）やっているから、やっていないからといったことを捨てましょう。

人は人、他の税理士は他の税理士です。

お客様のせいにもしてはいけません。

お客様がネットバンクを嫌うからといったことについて、詳しく聞いてみたのかどうかということです。

こちらがよかれと思って電話でやりとりしていたところ、実はお客様はメールがいいとずっと感じていたということもあるでしょう。

お客様はデータでほしいのに、紙で納品しているということもありえます。

家族がいるからしょうがないと、家族のせいもやめましょう。

効率化が進まないのは会計ソフトのせい、税務ソフトのせい、友人のせいなど、いくらでも人のせいにできます。

だからこそプログラミングがいいのです。

プログラミングはすべて自責であり、エラーが出たら動かないというのは絶対的な真実。

絶対に間違っていないと思っていても、ピリオドが抜けていたり、カッコが抜けていたりすれば、エラーが出るのです。

プログラミングで絶対的な抗いようがないルールと向き合うことは、人のせいにしない体質に繋がります。

第6章　プログラミング学習の先にあるもの（税理士が目指すべき正しい効率化）　213

自責の精神を鍛えましょう。

（12）効率化に投資する

効率化にお金を使いましょう。

道具、スキル、メンタルを鍛えることに投資すべきです。

この場合も税務ソフトや会計ソフトを神格化しすぎないようにしましょう。

税理士は、税務ソフトや会計ソフトには 100 万円でも払うのに、ちょっとした道具への 1 万円を惜しむ傾向になります。

セミナーも同様です。

何にいくらを払っているか、今一度確認しましょう。

特に、税務ソフト・会計ソフト関係にいくら払っているかは確認すべきです。

年間でいくら払っているか、リースでどのくらい払っているのか、その明細も含めてチェックしましょう。

それらに多くのお金を払っていることで、必要な売上が増え、仕事の件数を増やしてしまうことになるのです。

結果、効率化はできません。

私の IT に関する常識から言うと、法外なお金がかかっていることもあります。

たしかに税務ソフト・会計ソフトは必須です。

しかしながら、それが正当な金額かどうかは常にチェックしておきましょう。

効率化は、仕事量・道具・スキルがポイントです。

そのスキルの 1 つとしてプログラミングをぜひ身につけていただければと思います。

くれぐれも仕事量には気をつけましょう。

仕事量が一時的に増えることもなくしていきたいものです。

214

つまり繁忙期をなくしましょう。

繁忙期の仕事でも、プログラミングで効率化できることはあります。

しかしながら、そのすべてを効率化することはできません。

人手を増やさないのであれば、仕事量を減らさないと、繁忙期はなくならないのです。

人手不足の今、そして今後、仕事量を減らすしかありません。

年に数か月の繁忙期。

その期間は、がむしゃらに仕事だけで他のことができない人生を、今後何回繰り返すのでしょうか。

そうでない人生にしたいなら、日々を効率化しつつ、次の繁忙期をなくすことに全力をつくしましょう。

第6章 プログラミング学習の先にあるもの（税理士が目指すべき正しい効率化） 215

おわりに

　プログラミング、いかがだったでしょうか。

　私が税理士資格をとり、税理士として独立し、今を楽しめている理由の1つは、間違いなくプログラミングです。

　プログラミングでは、他の人が3日かかっていた仕事を、3分で終えるようなこともできます（雇われていたときには、終わっていないふりをしていました。終わっているのがわかると仕事が増えるだけですから）。

　本書でもふれたとおり、プログラミングで、時間を生み、効率化の基礎を学ぶことができます。

　だからこそ、税理士をはじめ多くの方にプログラミングをおすすめしたく、以前からセミナー・発信をしてきました。
　プログラミングは、決して敷居が低いものではありません。
　しかしながら、ChatGPT がある今、プログラミングを身につけるチャンスです。
　ChatGPT がなければ、1冊で、Excelマクロ、GAS、Python を学ぶ本なんて書けませんでした。

　ChatGPT がない時代、私はこのプログラミングを使いこなすのに、どれだけの年数を重ねたことかと考えると、正直、ずるいと感じます。

　ぜひプログラミングをさわっていただき、第6章も参考に、効率化をしていただければうれしいです。

　ChatGPT をはじめ、生成 AI はますます加速度的に進化するでしょう。
　その意味で、第1章〜第5章の内容はまたたく間に陳腐化するかもしれません。

しかし、第 6 章の考え方は、この先も変わりません。

私は本書執筆時点で 51 歳。
残り少ないなぁと感じつつ、よく仕事をし、よく遊び、よく学び、日々を楽しんでいます。
税理士の仕事も好きですし、IT も好きですし、プログラミングも、ゲームも娘と遊ぶ時間も好きです。

今は、渋谷の新しいビル（サクラステージ）のスタバにいて、このあとがきを書いています。
買ったばかりの iPad Pro 13 インチと MacBookPro とカメラ 2 台を持ち、PSYCHO-PASS のサントラを聴きながら。

今日は朝 5 時前に起き、タスク管理、Voicy の収録、メルマガ税理士進化論のあと、自宅で本書の原稿の仕上げにとりかかり、ランチをつくって食べて、お客様先（税理士事務所様）にて IT コンサルティングを終えたところです。

日課のブログと YouTube はこの後やります（効率化に関する今後の最新情報はブログ、YouTube、メルマガ等を参考にしていただければうれしいです）。

なお、今日（金曜日）は、税理士業が禁止の日です。
土日ももちろん禁止であり、10 年以上その習慣を続けています。

昨日は神奈川の海へスイムの練習に行き、明日は、南紀白浜トライアスロンに向けて家族と旅立ちます。

月曜日にアドベンチャーワールドを楽しんで帰ってくるという日程です。

来週は娘と 2 人旅、ひとりで西表島へ出張があります。

こういった生き方ができるのも、プログラミングをはじめとする効率化をしているからです。

　その鍵となるプログラミングをぜひ楽しんでいただければと思います。

2024 年某月

井ノ上　陽一

著　者

井ノ上陽一 （いのうえよういち）

効率化コンサルタント・税理士
1972 年大阪生まれ。宮崎育ち。
総務省統計局で 3 年働いた 27 歳のとき（2000 年）に、生き方を変える
ため税理士試験に挑戦。3 年後に資格取得、2007 年に独立。
拡大せず、時間とお金のバランスをとる「ひとり税理士」を提唱。
税理士としての知識・スキルを最大限に発揮すべく、IT 効率化ノウハウを
提供し続けている。
そのスタイルに影響を受け、独立する税理士も数多く、4,000 日以上配信
し続けている無料メルマガ「税理士進化論」で、独立にむけてのサポートも
行っている。
ブログは 6,000 日以上毎日更新。

著書に『ひとり税理士の仕事術』『インボイス対応版 ひとり社長の経理の基
本』『新版 そのまま使える経理＆会計のための Excel 入門』など。

ブログ「独立を楽しくするブログ」
https://www.ex-it-blog.com/
井ノ上陽一　で検索

メルマガ「税理士進化論」
ブログで登録可能

YouTube チャンネル「効率化で独立を楽しく」
https://www.youtube.com/c/yoichiinoue

Voicy「営業で独立を楽しく〜ちょうどいい・効率的・好きな仕事〜」
https://voicy.jp/channel/3686

| 税理士のためのプログラミング | 令和6年9月1日 初版発行 |
| ChatGPTで知識ゼロから始める本 | 令和6年12月20日 初版2刷 |

		検印省略		
	著　者	井 ノ 上 陽 一
	発行者	青 木 鉱 太
	編集者	岩 倉 春 光
	印刷所	日 本 ハ イ コ ム
	製本所	国 宝 社

〒 101 - 0032
東京都千代田区岩本町1丁目2番19号
https://www.horei.co.jp/

（営　業）　TEL　03-6858-6967　Eメール　syuppan@horei.co.jp
（通　販）　TEL　03-6858-6966　Eメール　book.order@horei.co.jp
（編　集）　FAX　03-6858-6957　Eメール　tankoubon@horei.co.jp

（オンラインショップ）　https://www.horei.co.jp/iec/
（お 詫 び と 訂 正）　https://www.horei.co.jp/book/owabi.shtml
（書 籍 の 追 加 情 報）　https://www.horei.co.jp/book/osirasebook.shtml

※万一、本書の内容に誤記等が判明した場合には、上記「お詫びと訂正」に最新情報を掲載しております。ホームページに掲載されていない内容につきましては、FAXまたはEメールで編集までお問合せください。

・乱丁、落丁本は直接弊社出版部へお送りくださればお取替えいたします。
・JCOPY 〈出版者著作権管理機構 委託出版物〉
本書の無断複製は著作権法上での例外を除き禁じられています。複製される場合は、そのつど事前に、出版者著作権管理機構（電話 03-5244-5088、FAX 03-5244-5089、e-mail：info@jcopy.or.jp）の許諾を得てください。また、本書を代行業者等の第三者に依頼してスキャンやデジタル化することは、たとえ個人や家庭内での利用であっても一切認められておりません。

© Y. Inoue 2024. Printed in JAPAN
ISBN 978-4-539-73040-9